山元和實——監修
陳坤燦——審訂
賴惠鈴——譯

1坪小空間就能種！

小陽台の療癒花園提案

超好種的蔬果×花卉×組合盆栽大公開

訂版

打開窗，迎接幸福的小清新

早上起床打開窗戶，看到窗外的瞬間；
坐在客廳放空又放鬆的瞬間；
累了一天回到家，不經意地往窗外一看的瞬間……
如果有一個漂亮的花園，
植物在裡頭朝氣蓬勃地生長著，
一定會讓人感到非常的幸福。

即使是園藝新手、工作忙碌的人也不用擔心，
這本書盡可能為大家介紹不會花太多時間與精神，
就能讓陽台整年欣賞到美麗植物的方法。

無論是再怎麼狹窄的陽台，
都有可能搖身一變成為「花園」。
想不想將植物與雜貨巧妙地排列組合，
打造出一個如詩如畫、只屬於你的陽台花園呢？

Contents

6 小陽台的都市花園

14 打造陽台花園前，確認七件事

18 空陽台變身美麗花園

20 7步驟，改造陽台花園

26 8個小技巧，讓陽台花園更美麗

30 陽台花園的基礎&訣竅

31 陽光，植物健康的關鍵

32 植物喜歡鬆軟的土壤

33 適時施肥，植物長更好

34 對的植物，大大提升成功率

36 植物的生命週期

40 日常的管理

42 四季的管理

44 組合盆栽DIY

50 組合盆栽四大重點

58 四季組合盆栽全圖解

58 冬～春　三色堇、香堇菜，為寒冬帶來明亮感
60 冬～春　盡情沉醉在聖誕玫瑰的魅力裡
62 冬～春　放著春風搖生姿，浪漫極了
64 春　一支獨秀的風信子
65 春～初夏　高雅的白色世界
66 春～初夏　彩葉植物，無可取代的美麗葉色
67 春～初夏　溫柔清新的綠色花環
72 初夏～夏　映照著雪白的初夏
73 初夏～夏　帶來清涼感的水生植物
74 初夏～秋　紫與黃演譯出絕佳對比色
76 初夏～秋　懸掛式花籃，涼爽迷人
78 秋　呈現出秋日風情
79 秋～春　為迎接平安夜做準備
80 秋～春　撐過寒冬，三個季節都可以欣賞

86 陽台變身家庭小菜園

88 新手也能輕鬆種植的不結球萵苣類
90 香草花園為料理增添風味
92 可愛療癒的迷你小番茄
95 自己種有機無毒的寶貝菜
96 輕鬆種出爽脆鮮甜的櫻桃蘿蔔
98 從幼苗開始種植，大大提升成功率
100 直接播種法，簡單種出美味蔬菜

103 拜訪園藝高手的漂亮陽台花園

114 新手老手必逛的日本園藝市集

小陽台的都市花園

「我們家的陽台太小了，所以沒辦法打造成陽台花園」，
各位是否就這樣放棄了呢？
我家的陽台大約只有1坪大小，
深度也只有90公分左右，
但是也正因為狹窄，才能夠毫不費力地、
以精簡的方式，打造出理想中的空間。
您想要在陽台呈現出什麼樣的風景呢？
不妨讓想像力乘著翅膀，
在美麗的園藝世界裡遨遊吧！

園藝設計師
山元和實

19 ILLINOIS 64

觀葉植物
搭配季節性花卉
打造輕鬆好整理的陽台花園

從客廳窗戶往外一看，眼前跳脫日常生活的風景，會讓人瞬間產生「咦？我怎麼會身處在清新的田野郊外」的錯覺……。綠色植物能撫慰人心，讓人想終日一看再看，而且每看一次，都會感覺被包圍在小小的幸福裡。

如果種植的植栽以盆花為主，不但管理照養不易，而且每種花都有自己的搶眼姿態，很難將整體風景整合。不妨以觀葉植物為中心，再加上幾株能夠帶出季節感的花卉和兩、三個組合盆栽，利用主角與配角的排列組合，從「減法」概念出發，將陽台加以統一，就能創造出風格。而且不需要花費太多時間，維持管理起來也很輕鬆。

由於女兒牆是混凝土結構的材質，容易給人陰暗的印象，可將木板塗成淺色系，並直立排列，再擺上綠色或黃綠色的植物，營造出明亮的氣氛。搭配上具有風味的陳舊器具，更是與植物相得益彰。

我搬到現在這棟大樓已經十七年了，常常根據當下的想法，改變陽台花園的亮點。雖然稱不上是很寬敞的空間，但是陽台花園卻能把我從兵荒馬亂的日常生活中解放出來。

山元家的陽台

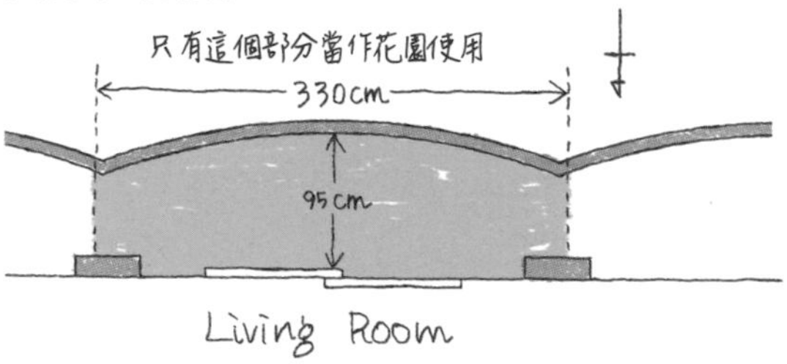

只有這個部分當作花園使用
330cm
95cm
Living Room

● 當成花園使用的部分
寬330cm×最大深度95cm
● 女兒牆的材質與高度
混凝土製、高105cm

陽台面對著三個房間，只有對著客廳的部分被當作花園使用。

將種植著多肉植物和懸垂性植物的小花盆，懸掛在頗有歲月痕跡的格子架上。將空間以立體的方式呈現，是善用狹窄陽台的不二法門。

利用陳舊的玻璃瓶來代替花盆，將小巧的多肉植物種植其中，擺放在木板上的小小空間。

將多肉植物的盆栽配置在鳥籠裡。利用馬蹄鐵的花盆及很有歲月感的園藝用具、蠟燭等等，營造出氣氛。

以樹為主要焦點，將地被植物種在地面，再利用組合盆栽或小雜貨製造出高低差，就能整合成一道協調的風景。

Point 1

利用背景，呈現立體感

將塗上顏色的木板靠在混凝土的女兒牆上，製造出背景來。由於景深很狹小，所以擺上格子狀的舊門板，善用空間的垂直面。再利用黃金萬年草或葉子上有斑紋的植物等等，調配出明亮的綠色，為容易顯得陰暗的空間帶來清新的感覺。

Point 2

雜貨小物，營造氛圍

從骨董市集等地買回來的歐洲風格小物，對於營造氣氛很有幫助。用來瀝乾水分的濾碗，在功成身退後，還是能成為風景裡的一部分。

（左上）將鐵鑄的擺設反過來放，再撒上破碎的磚頭做裝飾。（右上）隨手放置的小型天使像。（右下）石造的裝飾品非常適合與綠色植栽做搭配。（左下）外國的車牌號碼也是很好的裝飾品。

Point 3 為地面製造變化

為了方便作業，在客廳的窗戶正前方鋪上幾片陶土磁磚，讓空間有所區隔。然後再放上敲碎的陶土磁磚、將原本的木條地板塗上顏色，讓視覺多了許多層次變化。

Point 4 鐵絲籠搭配綠色植物清爽又熱鬧

將深淺色調琳瑯滿目的綠色植物當成地被植物來使用，製造出熱鬧繁盛的景象，由左而右分別是寶蓋草、卷柏、三葉草，有時候也會用來做為組合盆栽的材料，所以也有可能被拔起來「派遣」至別處去。由於是利用椰子纖維種在鐵絲籠裡，重量和外觀看起來都變得很輕盈。

Point 5 利用景天點綴地面

將黃綠色與深綠色的景天以相互交錯的方式，種植在從二手市集買回來的烘焙盤（也有可能是烤箱用的頂板）裡，就能營造出非常具有藝術氣息的氛圍。只要事先把撕碎的葉片撒在陶土磁磚的縫隙裡，景天就會自然而然地增殖。

3 事先把撕碎的葉片和從根苗上剪下來的葉子均勻地撒在土壤表面上。如此一來，景天就會從那裡開始紮根、繁殖，格子很快就會被景天填滿了。

2 排列擺上9株景天，排好後再把培養土和剛才剩下的土壤填進空隙裡。

1 從塑膠花盆裡把景天的幼苗取出，為了不讓其突出磁磚的高度太多，用剪刀把根剪掉一半，多出來的土壤還可以在種植的時候使用。

Step 5 種植景天

這次改造的最大特色在於使用景天將地板表面做成不同顏色相間的方格花紋。目的在於讓葉色明亮的黃金萬年草和顏色比較深的地板形成對比，表現出摩登的意境。萬年草屬於多肉植物，最大的優點就是生命力強，不需要常澆水。剛種好的時候每一棵之間會有空隙，但是只要經過一個半月的生長，就會將空隙填滿。將種植景天的範圍控制在七塊磁磚內，較不會對行走造成影響。

景天種好的樣子。只要兩個月的時間，空隙就會逐漸被填滿。

為了遮住灰色的地板，將現成的圍籬設置在左側，再把植物也放在後面，就會顯得很自然。到這個階段，已經可以看出大致的樣子了。

Step 6 一邊觀察比例 一邊擺上植物

決定好大方向以後，再把植物依序放上去。請從大型的花盆或組合盆栽等比較有存在感，一眼就會看到的物件開始擺放。只有從近距離觀察的話，無法看出整體的比例是否平衡，不妨時不時地走進室內，檢查從客廳裡看出去時的比例平衡。

把種植在細細長長的鐵絲籠裡的組合盆栽設置在架子上，再把椅子放在沒有鋪磁磚的角落，遮住地板。

Step 7 利用組合盆栽和 雜貨小物做裝飾

終於來到最後的階段，決定好雜貨及比較小的盆栽、組合盆栽等等的位置，將其配置上去，適度地加入雜貨及多肉植物等等，還可以增加變化。打造出具有整體感，但每個區塊都保留有自己的主題，也是一定要學會的技巧。

將小型的綠色盆栽和雜貨、骨董器具的小東西加以排列組合，營造出氣氛。

放在椅子的角落，能製造出畫龍點睛的效果，光是這樣就已經是一道風景了。

透過黑色的百頁窗看到的陽台也很有時尚感，與洗練的室內風格搭配得相得益彰。

「沒想到一向很殺風景的陽台居然能有這麼大的改變，實在是太驚人了！」A．S女士這麼說。由於她有先說「喜歡紫色的花」，所以山元女士選的植物也投其所好。從客廳裡看出去的時候，公園的綠意成了再好不過的背景，讓美麗的空間看起來更加引人入勝。

一面望著陽台，一面悠閒地喝茶或品茗葡萄酒，夢想就在這時不斷地成長茁壯。秋天的楓紅、冬天以乾枯的樹枝為背景，氣氛又不一樣了吧！這座花園接下來會被照顧成什麼樣子呢？真是令人期待。

綠意盎然的陽台花園大功告成

陽台花園
改造成功！

8個小技巧，讓陽台花園更美麗

這次為了打造A．S女士的陽台花園，山元和實女士親自挑選了植物、花盆、小雜貨，從裝飾布置到陳列擺設，到處都充滿了創意巧思，大家也可以學起來，應用在自家的陽台喔！

把細長形的組合盆栽放在棚架的最上方，接下來利用「減法原則」，覺得少了點什麼的時候，就要停下來。

Skill 1 棚架上不要擺放太多花盆及雜物

如果在棚架上塞了太多的花盆及雜物，會讓人感到喘不過氣來。尤其是這種網狀女兒牆的魅力就在於可以讓光線和景色透進來，所以在空間裡製造一點留白空隙，是看起來更加美麗的祕訣。棚架中段則是零星地擺上一些種植著多肉植物或藤蔓性植物、草類的小花盆栽，藉由擺上種類琳瑯滿目的觀葉植物，可以讓一片綠意更顯得有層次變化。

Skill 2 利用格柵和植栽把室外機藏起來

利用格柵和植物把過去感到礙眼的空調室外機和熱水器遮住，創造出簡約大方的角落空間。把植物配置在格柵前的梯子上，即使從縫隙也看不太到室外機和熱水器。一旦攀爬在格柵上的木通長得再茂盛一點，室外機就會更不明顯了。

白色的格柵和圍籬可以讓室外機不再那麼顯眼，再配置上一些植物，成功地把室外機藏起來。

從左右兩邊垂下來的是鏡鈸花、在其上方葉片上有斑紋的是連錢草、中央的粉紅色小花是紅花百里香。

Skill 3 不要讓主樹周圍過於冷清

為了不要讓主樹的根部顯得冷清，也為了防止土壤乾燥，請在周圍種上小型的植物。紅花百里香從五月到夏天會持續開出一簇一簇的花；鏡鈸花則是非常強韌的藤蔓性多年生草本植物，葉子的形狀和小巧的花朵都非常可愛。美麗的連錢草葉片上還有斑紋，會以在地上爬的方式蔓延繁殖。

Skill 4 選擇淡色系花盆與深色系地板平衡

如果要放上好幾個花盆，掌握住整體感是其重點。由於地板的色調比較穩重，無論是什麼樣的花盆都很好搭配，但是如果放太多素燒的花盆，看起來會很沉重，裝入土壤之後，就連重量也會變重。不妨多用一些馬蹄鐵或琺瑯質的花盆遮罩等等，不僅可以製造出輕盈感，和復古風味的小擺飾也相得益彰。

（上）將藍莓盆栽放進馬蹄鐵的水桶裡。
（下）灑水壺容器也可以用來代替花盆。
（右）碩大明亮的玉簪花葉片與琺瑯質的水桶相映成趣。

Skill 5 利用懸掛方式製造出立體感

如果花盆都以平面並排擺放，不僅會沒有地方走路，也會讓空間變得索然無味。為了在有限的空間裡描繪出如詩如畫的風景，將空間立體化的使用也是很重要的。不妨在格柵和女兒牆上懸掛大大小小、琳瑯滿目的盆栽，善用垂直面空間。

（上左）懸掛著兩種藤蔓性的植物：鐵線蓮和葉子有斑點的金葉藤。
（上右）地錦，常綠藤蔓性植物。
（下右）金葉藤葉子上的亮麗斑紋很漂亮。
（下左）在串成一排的花盆裡種些顏色和形狀都不一樣的綠色植物，看起來好可愛。

Skill 6 利用藤蔓性和懸垂性植物製造出律動感

將藤蔓性和懸垂性的植物種在陽台上，可以製造出律動感，讓空間變得朝氣蓬勃。藤蔓性的植物需要依附著支柱，所以也可以引導其生長到格柵和女兒牆上。不妨把下垂性的植物放在比較高的地方，風一吹就會輕飄飄地晃動，藉此呈現出自然的氣氛。

故意把木通的支柱斜著放，將其引導到格柵上。

綠之鈴是一種很可愛的多肉植物，形狀宛如桃子般，一小顆的小球會一直長出來。

常綠鐵線蓮「銀幣」在3～4月會開出許多楚楚可憐的白花。

Skill 7 捨棄五顏六色 利用不同綠色增加變化

為了讓陽台花園具有整體感，看起來更加優雅，不要放太多五顏六色的花，減少顏色的數量也是重點之一。這次是以各種不同色調的綠色為主，再用綠、白、紫的花做重點性的搭配。

變化多端的綠色

絲葦

玉簪花

吉娃娃石蓮

綠之鈴

海岸木菊

金葉藤

綠、白、紫色系的花

鐵線蓮

常綠鐵線蓮「銀幣」

聖誕玫瑰

摩洛哥菊

藍色矢車菊

宿根福祿考

放在架子上的狹長形組合盆栽。裡頭有三色堇及矢車菊等等，淡紫色及藍色、淺黃色的花朵共聚一堂。

把聖誕玫瑰和葉片上有斑紋的宿根福祿考、常春藤種在同一個盆子裡，再利用手邊現有的舊籃子罩在花盆的外面。

Skill 8 利用組合盆栽 增加華麗季節感

組合盆栽可以為陽台花園增添季節感及華麗指數，同時也是決定陽台給人印象的要素，扮演著非常重要的角色，換言之，就是展現品味與美感的地方。一旦能夠種植出美麗的組合盆栽，陽台園藝的樂趣肯定會倍增。請一定要掌握住訣竅，打造出引人入勝的陽台。（關於組合盆栽請參照p44）

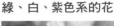

種植前，一定要知道的事

陽台花園的 基礎&訣竅

為了要培育出健康的花草綠樹，必須要有栽培植物的基礎知識，例如花草喜歡的環境及基本的培育方法、陽台的管理方法等等，掌握住園藝的基礎概念，將植物種得健康又漂亮吧！

陽光、空氣、水，缺一不可

光合作用，植物能量的來源

各位還記得以前在生物課上學到的「光合作用」嗎？指的是葉子裡的葉綠素會從「陽光」和「空氣中的二氧化碳」、「水」吸收植物生長需要的營養及副產物，製造出氧氣的活動，可以說是植物生存的基本條件。所以，想要把植物養好，適度的陽光、空氣、水三者缺一不可。空氣到處都有，所以在進行陽台園藝的時候，人類就必須幫忙注意光和水的問題。

植物是仰賴透過光合作用得到的養分，以及把根紮進土裡，從土壤中獲得的養分生長的。另外，根在吸收養分和水的同時，也扮演著支撐地上莖葉的角色，植物就是如此成長的。但是根據不同的植物，需要多少水？什麼樣的溫度才是最適中的？則存在著相當大的差異。

之所以這麼說，是因為地球上有各式各樣的環境、土地，而植物便是適應各種環境進化而來。很多園藝植物都是從野生種改良而成，所以會懷念故鄉的環境也是植物之常情。植物喜好的條件會隨品種而異，有的植物喜歡乾燥的環境，有的植物在冬天需要某種程度的溫度等等。

在種植時，了解該植物喜歡什麼樣的環境，將會成為栽培的重點。在陽台上栽培的時候，建議盡量選擇生命力強韌、適應力比較好的植物。

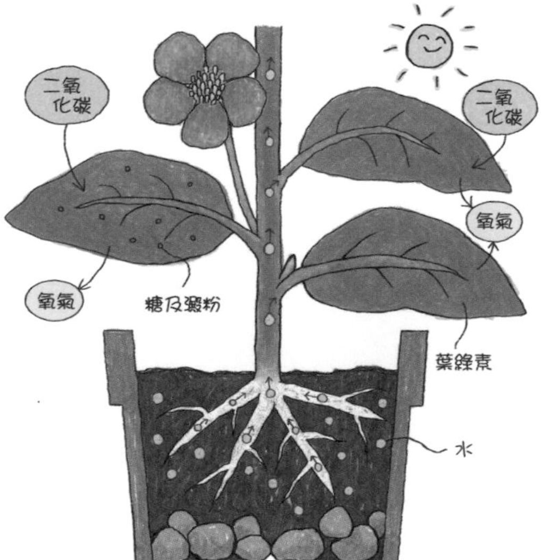
二氧化碳
二氧化碳
氧氣
氧氣
糖及澱粉
葉綠素
水

葉綠素是製造出植物所需要的糖、澱粉的「工廠」。植物在進行光合作用的時候會排出氧氣，這也是讓地球上的許多生物得以生存的關鍵。

陽光，植物健康的關鍵

植物為了行光合作用，絕對不能缺少陽光。

不過，不同的植物對於日照的需求也不一樣，有的喜歡無時無刻沐浴在陽光下、有的則是喜歡陽光從樹木的枝葉間照射進來。因此要檢查陽光會以什麼樣的角度照射到陽台的哪個部分，配合環境對植物進行配置就顯得相對重要。

盛夏的直射日光會把葉片燒焦、導致乾燥，花盆裡的土壤溫度如果太高的話，也會對植物造成傷害，不妨多加留意。另外，即使是座向朝北的陽台，只要有一定程度的光線，也是可以栽培植物的。

除了日照以外，通風也非常重要。一旦悶熱不通風，就很容易遭受病蟲害。棚架及懸掛的吊籃、直立式花架等等，不僅可以讓空間以立體的方式呈現，同時也具有確保日照及通風的任務，請妥善地運用。

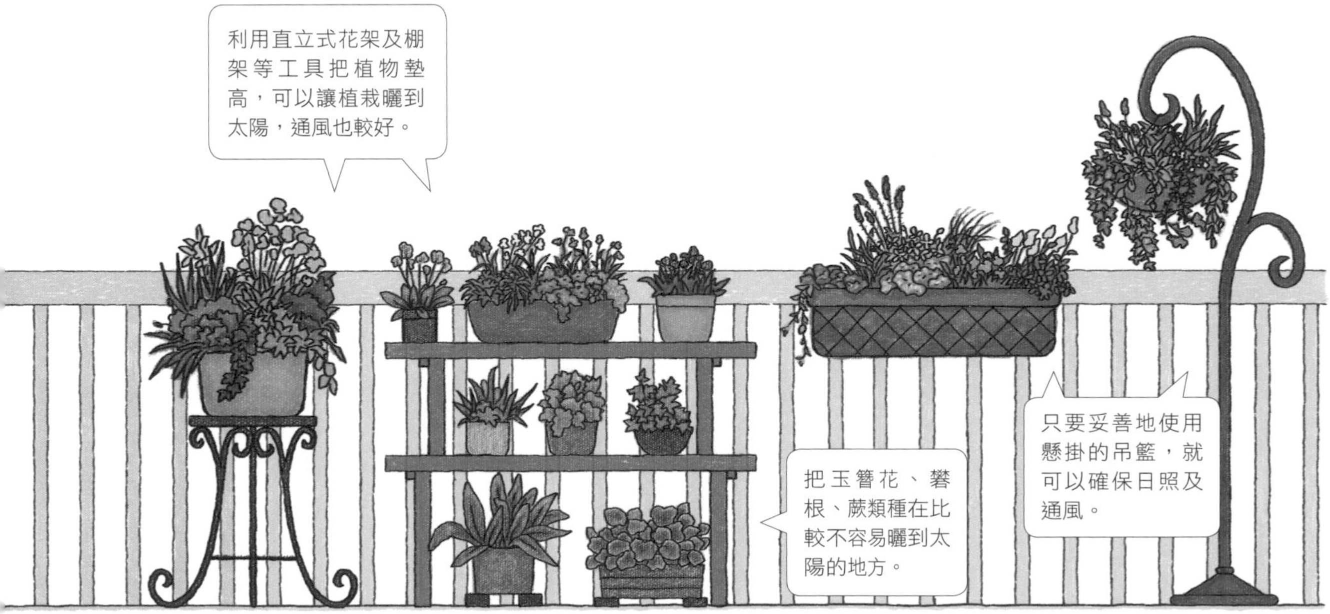
利用直立式花架及棚架等工具把植物墊高，可以讓植栽曬到太陽，通風也較好。
把玉簪花、馨根、蕨類種在比較不容易曬到太陽的地方。
只要妥善地使用懸掛的吊籃，就可以確保日照及通風。

植物對日照的需求皆不盡相同

玉簪花

聖誕玫瑰

玫瑰

矮牽牛

陰涼處
自然界中生長在落葉樹底下的植物不喜歡大太陽。另外，葉片上有斑紋或黃葉的植物在陰涼的環境下，顏色會比較好看。

向陽處
矮牽牛、萬壽菊等等都是很喜歡曬太陽的花。不過，盛夏的直射日光通常會傷害到植物，要多加注意。

植物喜歡鬆軟的土壤

土壤是孕育花草的子宮。尤其是用花盆栽培植物的時候，因為使用的土壤量有限，所以土壤的品質要比種在庭院裡的更講究才行。

植物喜歡透氣性佳、「排水性」和「保水性」兩者皆宜的土壤。或許有人會覺得「這不是自相矛盾嗎？」不不不，其實排水性和保水性是可以同時兼具的。

一般會將土壤結成一小團粒狀的狀態稱之為「團粒構造」。就團粒構造的土壤而言，因為結構體之間會有縫隙，所以水和空氣可以輕易穿透，而且在瀝乾水分之後，還能保留適度的水分，這就是同時具有排水性和保水性的土壤。這種土壤摸起來鬆鬆軟軟的，用手就可以輕易地撥散。

基本上，含有大量有機質的土壤最為理想。由於市售的花草專用培養土已經事先把堆肥和必要的營養成分以絕佳的比例調配，所以可以馬上地開始種植。如果是要自己調配的話，基本上是以赤玉土（中粒）6：腐葉土4的比例調配而成，再混入2～2.5成的蛭石，然後再按照植物的性質調整配方。

澆水的時候，如果是排水性和保水性都很好的土壤，水會從花盆底部流出來。

何謂團粒構造？

所謂團粒構造，指的是土壤固結成一小團粒狀的狀態。可以牢牢地撐住植物的根部，而且空氣和水會穿過顆粒的縫隙，具有高度的排水性、透氣性，還可以保留適度的水分，因此很適合用來栽培植物。

特殊用土

盆底石

由火山噴出物凝固以後形成的浮石，輕巧又具有良好的排水性、透氣性、保水性。

水苔

將苔蘚類乾燥而成的產品。保水力很好，通常使用於觀葉植物、蘭花的種植及插枝等等。

一般用土

腐葉土

由闊葉樹的落葉發酵熟成的土壤。排水性、透氣性、保水性都很好，含有大量的有機養分。

培養土

由赤玉土、堆肥等多種壤土調配而成，可以直接使用。

蛭石

非常輕，透氣性和保水性也很優異。也可以使用於播種用。

赤玉土（中粒）

顆粒狀的紅土，排水性及保水性、透氣性、保肥性都很優異。依顆粒的大小分成大中小三種類型。

適時施肥植物長更好

為了種植出健康的植物、開出漂亮的花，需要的三大要素——氮（N）、磷（P）、鉀（K）缺一不可。氮是促進葉、莖生長的要素，不足的話，葉子的顏色會褪成黃色，生長狀態不佳，但是過多的話，莖會只伸長、缺乏硬度，變得軟弱無力。磷是開花結果必需的要素，不足時，花會開得不好，或者是遲遲不開花。鉀除了可以促進根或球根的發育以外，也具有提高整棵植物抵抗力的功能，不足的話，植物會變得軟弱無力。只要施加適量的肥料，以正確的比例好好地補充這三大要素，植物就會生長得很健康，可以欣賞到更美麗、更持久的植物。

如果是用花盆種植，由於土壤有限，較容易養分不足，在種植時，除了要定期施加長效肥之外，在成長中或開花後還要追加速效性的肥料，藉此補充已經消耗掉的營養成分。只不過，要是施了太多肥料，可能會使葉子長得太茂密，反而對植物造成負擔。請仔細地閱讀肥料說明書，小心適量。

施肥の時機

種植時▶基肥

在種植根苗的時候，請事先將效果比較緩慢，但是可以長時間持續的緩效性肥料混合在土壤裡。這種肥料稱之為基肥。有機肥料比較不容易產生營養過剩、造成根部傷害；化學肥料則是將肥料成分以絕佳的比例調配而成。

「魔肥」是最具代表性的基肥。在種植時將其混入培養土中。

生長期▶追肥

在植物的生長期追加的肥料稱之為追肥。追肥分成要用水稀釋來使用的液態肥料，和放在花盆邊緣的固態肥料。液態肥料只要在澆水時施加即可，非常方便。固態肥料則是慢慢溶解出來的，所以效果可以長時間地持續。

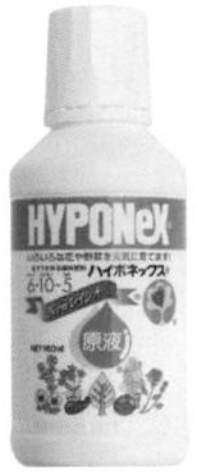

花寶是最具有代表性的液態肥料。稀釋之後在澆水時同時施加。

肥料の三大要素

氮、磷、鉀是花草需要的三大要素，各自對於葉、花及果實、根的成長都是不可或缺的養分。

P（磷）
有助於開花結果的成分。不足時，花會開得不好，或者是遲遲不開花。

N（氮）
促進葉、莖生長的成分。不足時，葉子的顏色會不好看，葉片的體積也會變小。

K（鉀）
促進根生長的成分。不足時，根會長得不好，植物也會變得軟弱無力。

花盆の選擇

基本上，只要在容器底部打洞，都可以當成花盆使用，不過選擇花盆的材質、大小等特性也很重要。根會紮得比較深的植物請選深一點的花盆、會長成很大棵的植物則要選大一點的花盆尺寸。

鐵絲籠

只要利用椰子纖維之類的介質來種植，重量就會比較輕，看起來也很俐落大方。也有懸掛型的鐵絲籠。

馬蹄鐵等金屬花盆

極具風味，很適合用來搭配復古風雜貨。可以利用瓶瓶罐罐的底部打洞來使用。

木箱

可以呈現鄉村風格，透氣性、排水性很好，還可以自己塗上油漆，缺點為較不耐用。

塑膠花盆

價格便宜又輕巧，顏色和款式也很豐富。透氣性、排水性雖然不佳，但是保水性很好。

素燒花盆

優點在於擁有很好的透氣性、排水性，但較為笨重，尤其把土裝入後，搬運又更為困難。

什麼植物適合在陽台種植？

對的植物，大大提升成功率

雖然大多一般的植物，都可以於陽台上種植，但是選擇適合陽台環境的植物，不僅能降低失敗率，也可以將有限的空間做完美的呈現，所以需仔細挑選。

善用各式各樣的綠色植物

想讓陽台上開出許多可愛的花——或許很多人都有這樣的幻想吧！一、二年生草本植物的確可以開出很多花，但是種植比例太高的話，就必須每年都要換新苗才行，而且花盆的數量一旦增加，還需時常清理凋謝的花朵。

忙碌的人或者對管理沒有自信的人請不要種植過多一、二年生草本植物，盡量以可欣賞好幾年的宿根草或打理起來輕鬆愉快的綠色植物，盡可能打造出一個不太需要管理維護的花園，方為上策。

考慮植物顏色＆姿態

如果在狹窄的空間裡塞滿太多顏色、或是種植太多風格強烈的植物，很可能會成為雜亂無章的陽台，所以在選擇植物的時候要考慮到色彩的調和，讓整體形成一道協調的風景。

有些植物單看一株或許沒有什麼存在感，但是如果與下垂性、藤蔓性等植物組合起來，就能創造出一個具有律動感的空間，再利用組合盆栽呈現出季節感，就能成為一個美麗的空間。

選擇常綠樹作為主樹

請一定要種上一棵主樹，以做為陽台上的視覺焦點。這時建議選用不難修剪、也不會長成大樹的植物。另外，落葉樹雖然於四季可以欣賞到不同的表情，但是落葉容易飄落造成鄰居的困擾，打掃起來很麻煩，冬天也會顯得有些冷清。建議選擇洋橄欖或光臘樹等會隨風搖曳、具有情調的常綠樹。

集中擺放更有整體感

不要並列地擺上一整排花盆，而是把花和組合盆栽集中放置，這麼一來，花反而會被突顯出來，形成一道具有整體感的完整風景。

利用地被植物妝點地面

為了妝點地面，讓陽台看起來更有層次感，地被植物可是不可或缺的。上圖為寶蓋草和卷柏、下圖為三葉草。顏色和表情都美極了，也不需要費心整理。

陽台植物，種這些就對了！

擁有漂亮的葉色、具有個性的生長姿態、
不需要費心整理，是陽台植物的挑選要點，
只要搭配得宜，就可以製造出一個有品味的花園陽台。

光是一棵也很有存在感

玉簪花（Hosta）

玉簪花的葉子顏色琳瑯滿目，有黃葉或葉子上有斑紋、藍色系等等。從大型的品種到葉片小巧的品種，姿態變化萬千。葉子在冬天雖然會枯萎，但是明年春天又會發芽，慢慢地長成挺拔的姿態。生命力堅韌，在陰涼處也可以長得很好。

形狀有趣，照顧輕鬆

多肉植物

多肉植物比一般的花草還不用費心照顧，幾乎放著不管也能長得很好，豐富的造型讓它愈來愈受歡迎。市面上有在販賣專用的培養土，也可以把市售的培養土和赤玉土以2：1的比例混合，讓土壤的排水性更好。管理的竅門在於不要澆太多水，尤其夏天更要注意。

（上）多肉植物的組合盆栽。只要善用其有趣的形狀，便可以表現出個性來。

（下）景天的同類。顏色很漂亮，也是很活躍的地被植物。

葉色豐富，葉形獨特

礬根

具有各式各樣的葉色，葉子的形狀也很美麗，所以深受歡迎。由於個頭會一年一年地愈長愈大，所以可以一盆一棵地單獨栽種，做為組合盆栽的重點葉色也很耀眼。花的模樣很可愛，在陰涼處也可以長得很好，冬天也不會掉葉子。

植物的生命週期

植物依種類擁有各自不同的生命週期，了解每種植物的生命週期，將有助於在不同季節進行不同的作業。

經過漫長的蘊釀才會開花
一、二年生草本植物

「一年生草本植物」是一種生長得很快，播種後一年內就會開花、結果的植物，分成在春天播種、秋天開花的「春播種一年生草本植物」，和在秋天播種、明年春天開花的「秋播種一年生草本植物」。而在春夏之際發芽，花上一年的時間生長，在第二年春天開花的植物稱為「二年生草本植物」，多半都是可以輕易地從種子開始培育，不過購買現成的花苗比較不容易失敗，可以一次種一點點，是很適合種植在陽台的植物。

正因為只有一年的短暫壽命，所以把所有的能量都用在開花上，色彩也很鮮豔，像香菫菜或三色菫可以開出很多花、而且花期又長也是其特徵之一，是組合盆栽中不可或缺的種類。

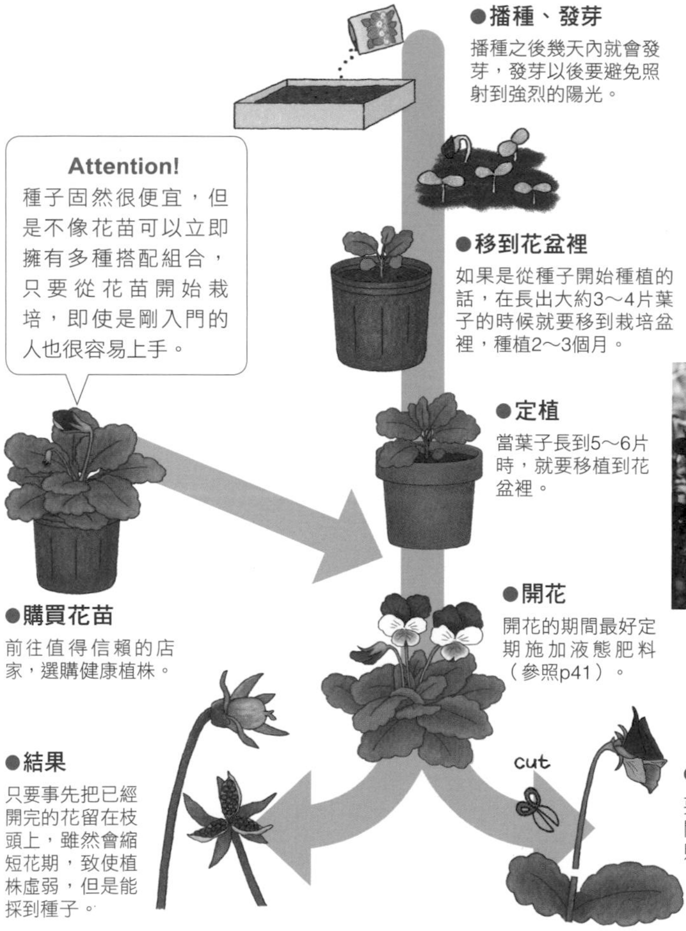

●播種、發芽
播種之後幾天內就會發芽，發芽以後要避免照射到強烈的陽光。
Attention!
種子固然很便宜，但是不像花苗可以立即擁有多種搭配組合，只要從花苗開始栽培，即使是剛入門的人也很容易上手。
●移到花盆裡
如果是從種子開始種植的話，在長出大約3～4片葉子的時候就要移到栽培盆裡，種植2～3個月。
●定植
當葉子長到5～6片時，就要移植到花盆裡。
●購買花苗
前往值得信賴的店家，選購健康植株。
●開花
開花的期間最好定期施加液態肥料（參照p41）。
●結果
只要事先把已經開完的花留在枝頭上，雖然會縮短花期，致使植株虛弱，但是能採到種子。
cut
●摘掉凋零的花
要不厭其煩地把已經開完的花朵摘掉（參照p40）。

三色菫

矮牽牛

風鈴草

一、二年生草本植物の生長週期

※香菫菜或三色菫雖然是秋播種一年生草本植物，但是當年內就會開花。

	1	2	3	4	5	6	7	8	9	10	11	12
秋播種一年生草本植物	開花	開花	開花	開花	開花			播種	生長期	生長期	開花	開花
春播種一年生草本植物				播種	生長期	生長期	開花	開花	開花	開花	開花	
二年生草本植物						播種	生長期	生長期	生長期	生長期	生長期	生長期
	生長期	生長期	生長期	生長期	生長期	開花	開花					

一年生草本植物

香菫菜
三色菫
大波斯菊
矮牽牛
紫羅蘭
向日葵
萬壽菊

二年生草本植物

風鈴草
蜀葵

每年都會開花
多年生草本植物

不同於一、二年生草本植物，多年生草本植物可以活上好幾年，而且每年都會開花。在不適合成長的季節會進入休眠狀態，一旦到了舒適的季節會再甦醒過來，重新活動。

冬天的時候，地面上的部分雖然可能會枯萎，但是會留下沒有枯萎的葉子，漂亮的葉子可以用來妝點冬天易顯得冷清的陽台，請一定要採用。

在長期栽種下，會長成挺拔的植株，當植株長得太大的時候，還可利用分株的方式來繁殖，也是種植的樂趣之一。在原產歐洲的品種中，也有一些不太能適應夏季高溫多濕的品種，不妨了解植物各自的性質，為其打造出一個舒適的環境吧！

聖誕玫瑰

宿根愛蜜西

天竺葵

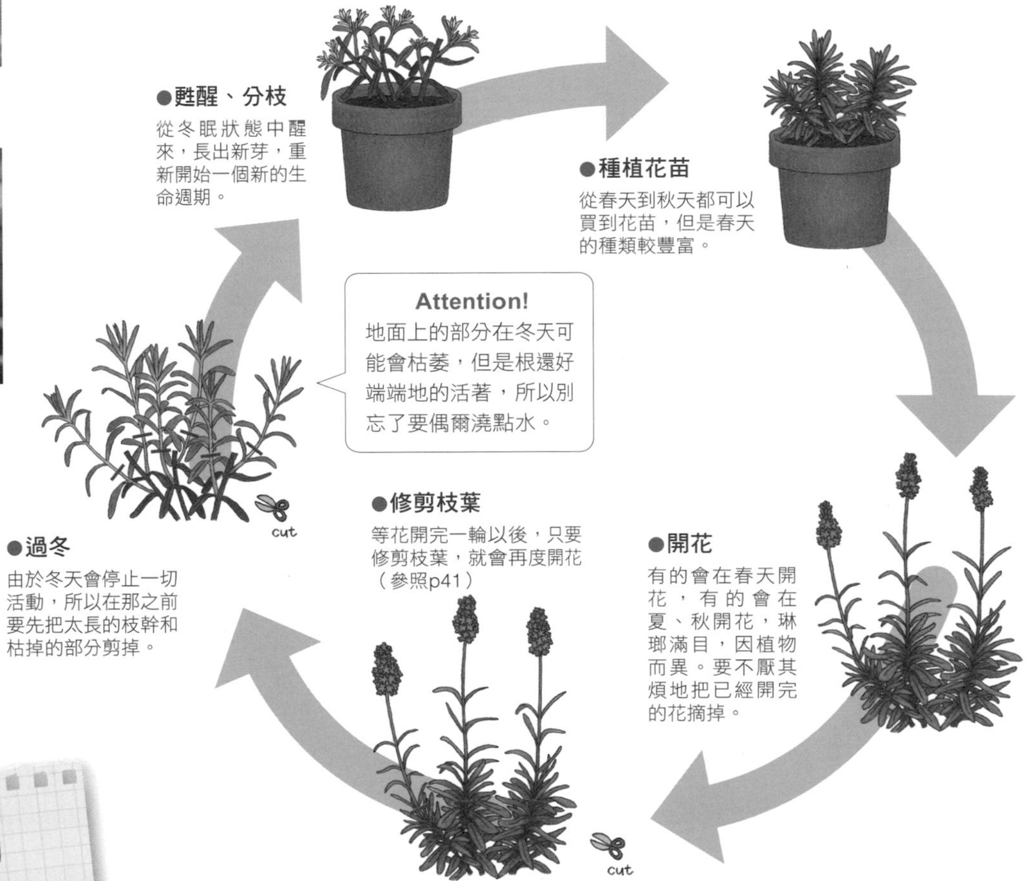
●甦醒、分枝
從冬眠狀態中醒來，長出新芽，重新開始一個新的生命週期。
●種植花苗
從春天到秋天都可以買到花苗，但是春天的種類較豐富。
●開花
有的會在春天開花，有的會在夏、秋開花，琳瑯滿目，因植物而異。要不厭其煩地把已經開完的花摘掉。
●修剪枝葉
等花開完一輪以後，只要修剪枝葉，就會再度開花（參照p41）
cut
●過冬
由於冬天會停止一切活動，所以在那之前要先把太長的枝幹和枯掉的部分剪掉。
cut
Attention!
地面上的部分在冬天可能會枯萎，但是根還好端端地的活著，所以別忘了要偶爾澆點水。

多年生草本植物

- 耬斗菜
- 聖誕玫瑰
- 三葉草
- 宿根愛蜜西
- 蔓長春花
- 瑪格麗特
- 鵝河菊
- 玉簪花
- 天竺葵

多年生草本植物の生長週期

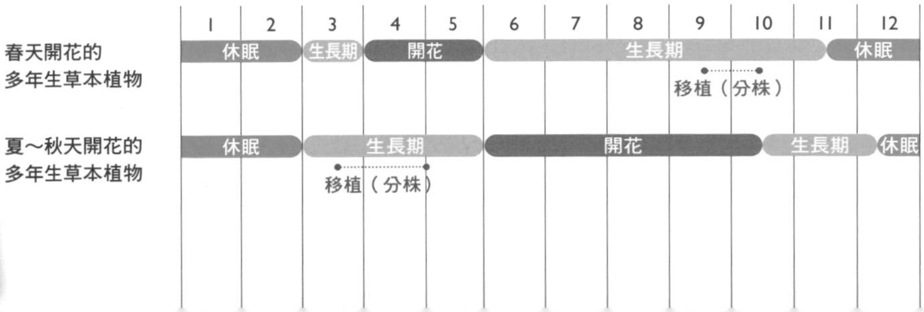
1 2 3 4 5 6 7 8 9 10 11 12
春天開花的
多年生草本植物
休眠
生長期
開花
生長期
休眠
移植（分株）
夏～秋天開花的
多年生草本植物
休眠
生長期
開花
生長期
休眠
移植（分株）

每年都會開出一次華麗的花朵
球根植物

球根植物是讓根或莖的一部分肥大，將養分蓄積在裡面的植物。由於生長所必要的能量都充滿在球根內，所以一到了花季，就會一口氣綻放出華麗的花朵來。

一般球根植物的花期多半都比較短，正因為如此才會有季節感，繽紛的程度也令人刮目相看。由於球根本身就有養分，所以就算條件差一點，也很容易開花，照顧起來也很簡單，適合剛入門的新手。

球根植物分成兩種，一種是在秋天種植、春天開花的「秋植球根」，如鬱金香、水仙；一種是在4～5月種植、從夏天開到秋天的「春植球根」，如美人蕉、大理花。另外，依照種類又可以分成在花季結束以後要挖出來保存和直接種在土裡，等到明年又會開花的球根植物。

百合

大理花

葡萄風信子

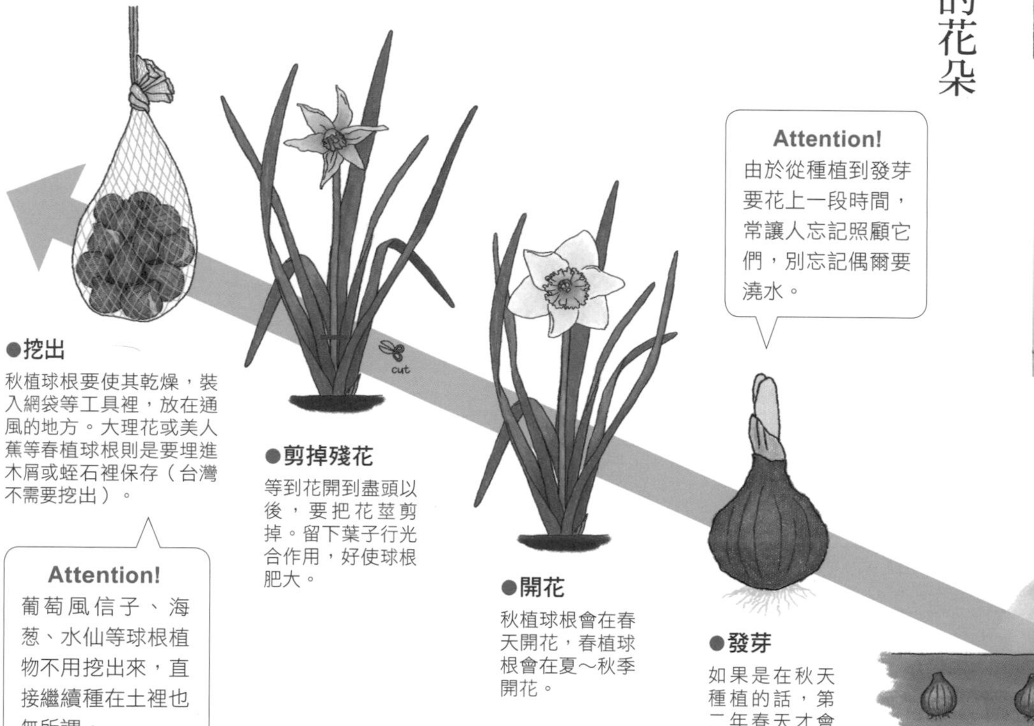

Attention!
由於從種植到發芽要花上一段時間，常讓人忘記照顧它們，別忘記偶爾要澆水。

●**挖出**
秋植球根要使其乾燥，裝入網袋等工具裡，放在通風的地方。大理花或美人蕉等春植球根則是要埋進木屑或蛭石裡保存（台灣不需要挖出）。

Attention!
葡萄風信子、海葱、水仙等球根植物不用挖出來，直接繼續種在土裡也無所謂。

●**剪掉殘花**
等到花開到盡頭以後，要把花莖剪掉。留下葉子行光合作用，好使球根肥大。

●**開花**
秋植球根會在春天開花，春植球根會在夏～秋季開花。

●**發芽**
如果是在秋天種植的話，第二年春天才會發芽。

●**種植**
種植的深度及間隔依種類而異，所以請事先確認之後再開始種植（參照p39）。

Attention!
請把鬱金香當成一年生草本植物照顧，為了明年的春天，要種上新的球根。

球根植物
- 鬱金香
- 水仙
- 百合
- 風信子
- 孤挺花
- 大理花
- 番紅花
- 葡萄風信子

球根植物の生長週期

	1	2	3	4	5	6	7	8	9	10	11	12
秋植球根	生長期	生長期	開花	開花	開花	休眠（挖出）	休眠（挖出）	休眠	休眠	種植	種植	生長期
春植球根	休眠	休眠	休眠	種植	種植	生長期	生長期	開花	開花	開花	休眠（挖出）	休眠

一起來種種看吧！

剛買回來的花苗最好立即進行移植，以下為大家介紹種植的基本原則，就可以應用在組合盆栽、蔬菜、果樹苗上。

1 剪一塊大小適當的網子，鋪在盆底，蓋住盆底的洞。鋪上這層網子，可以避免土壤露出，也可以防止蛞蝓的入侵。

2 放入市售的盆底石（浮石）。盆底石具有提高排水性、防止根部腐爛的效果，另外，也可以減輕盆栽的重量。

3 使用一般市售的有機培養土進行種植，也可以加入基肥混合後，倒入花盆裡。

4 用食指和中指輕握住花苗的根部取出，如果根部周圍的土壤過於乾硬，可以輕輕的剝除。

5 把花苗裝進花盆裡，將土壤填到與花苗表面同等的高度，再將花盆輕輕地在地面上敲一敲，讓土壤更為密實。不要把土填到與花盆齊高，要留一點滯水空間。

6 種好後，從花盆的側面輕輕地把水倒入，直到水從盆底流出來。澆這麼多水是為了讓根牢牢地紮進土裡。

球根的種植方法

種植球根的深度和間隔會依種類而異，但是由於種在花盆裡的空間相對有限，請比種在庭院裡更淺、更密一點。風信子和百合要種得比較深，鬱金香和葡萄風信子則是種在距離表面大約一顆球根的深度。以下為鬱金香的種植方法。

1 在盆底鋪上網子和盆底石，然後再倒入有機培養土，由於球根本身就會儲存營養，所以即使沒有再加入基肥也不要緊。

2 為了讓花開的時候看起來更好看，可以種得稍微密集一點。只要對齊球根的方向，葉片的方向就比較容易整齊。

3 從上面覆蓋上厚度相當於一顆球根的土壤。種好後約2～3天再澆水，之後只要看到土壤表面乾了就要澆水。

日常的管理

為了在陽台上培育出健康的花草，一定要學會以下的栽培技巧，掌握住基本功，才能讓植物開出漂亮的花。

澆水

錯誤的澆水方式是造成花草枯萎的很大原因。太頻繁澆水會導致根部腐爛，忘了澆水也會讓植物乾燥枯萎。基本上，土壤表面一旦乾掉了，就要澆上大量的水，最好澆透到水從盆底流出。植物乾燥的情況會因為放置的位置、季節、天氣而異，所以要經常檢查。

不同的植物給水量也都不一樣，例如多肉植物的水量如果沒有控制好，就很容易枯死。通常剛買回來時，標籤上都會有相關資訊，不妨留下來參考。

避開花和葉澆水

植物一旦開花，就千萬不要把水澆到花和葉子上。沾附到水的花瓣與葉片，是造成疾病的原因。「從植物的根部附近輕輕澆水」是基本觀念。

夏季白天高溫 請勿澆水

如果在天氣太熱的時候澆水，土壤的熱氣會傳導到水中，讓水一下子變成熱水。另外在靠近土壤的表面充滿了水蒸氣，是造成植物虛弱的原因。所以夏天請不要在白天高溫時澆水，盡量於早晨或傍晚澆水。

摘除凋零的花朵

為了讓花草長保美麗、延長花期，把謝掉的花摘掉是馬虎不得的作業。如果放著已經開完的花不管，不僅看起來髒髒的，還會滋生黴菌，一旦黴菌把用來結果的養分吸收掉，植物就會變得虛弱，花期也變得短暫。

為了不讓植物長出果實來，除了除掉開完的花瓣，還要將花萼摘除。摘除花朵時請使用乾淨的剪刀，如果是三色堇或矮牽牛等植物，可以用手直接摘除。

金魚草等會形成穗狀花序的植物則是從花莖的下方剪斷，藉由持續地將謝掉的花摘掉，就可以不斷地開出新的花。

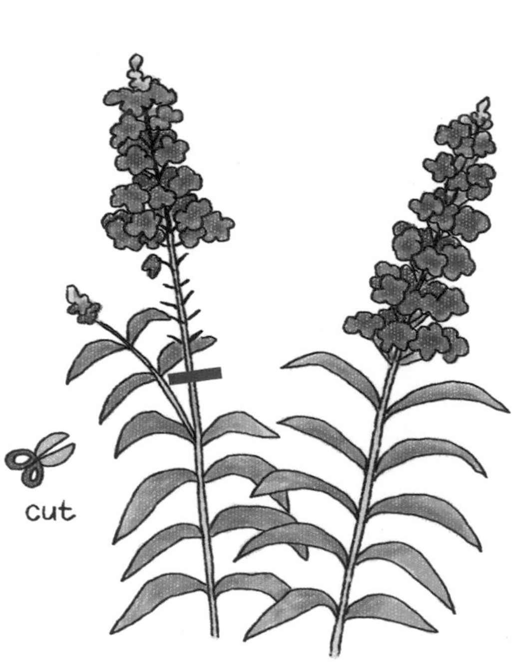

從花莖的下方剪斷

如果是一串紅或金魚草等會形成穗狀花序的植物，等到花開完以後，只要從花莖的下方剪斷，就會再抽出新的穗狀花序來。

從花萼底下摘除

摘除凋零的花朵時，必需從花萼的根部確實地摘掉，如果留下花萼，只把花瓣拔掉的話，還是會長出種子來。

追肥

配合植物的生長期追加肥料的行為稱之為追肥。在不斷成長茁壯的過程中、在綻放許多花的時候、或者是在花期結束以後等等，為了補充消耗掉的養分，不妨追加肥料。花期結束以後的追肥又稱為「禮肥」。

追肥分成液態肥料和固態肥料。液態肥料是把各式各樣的肥料成分以恰到好處的比例調配而成的速效性肥料，可以在澆水時同時施肥，非常方便。固態肥料則是把錠劑或顆粒狀、粉末狀的肥料放置在花盆邊緣，讓肥料成分慢慢地溶解出來，所以具有長期持續的效果。

液態肥料和固態肥料都有有機肥料和化學肥料兩種，有機肥料較不易對植物造成營養過剩的「肥傷」；化學肥料能夠將肥料成分調合成理想的比例、精準使用，所以不能一概而論地說哪一種肥料比較好。如果施太多肥，有時候反而會縮短植物的壽命，使用時請仔細閱讀說明書，遵守稀釋或使用量等等的規定。

施加液態肥料

液態肥具有速效性，可以在澆水時一起施肥，相當方便。盡可能定期且多次地施加稀釋過的液態肥料，效果較好。

施加固態肥料

固態肥料有錠劑型、顆粒狀、粉末狀等各式各樣的形狀，經由一段時間慢慢地溶解，屬於緩效性肥料，所以不需要像液態肥料那樣頻繁地使用。

修剪枝葉、摘芯

矮牽牛或穗狀花序的花等等，在開花的過程中，莖會不斷地持續生長，變得很稀疏，像這樣的情況，只要進行「修剪枝葉」，大膽地剪到只剩下原本的3分之1到一半左右，就會從切斷的地方長出新芽，讓後續生長更茂密、更整齊。

另一方面，把長在植物的莖或枝椏頂端的芽（頂芽）摘掉的行為稱為「摘芯」。摘掉芯之後，旁邊的芽會冒出頭，莖的數量和枝椏的數量都會增加。就算是只有正中央的莖一枝獨秀，花朵的數量因此變得比較少的植物，也可以藉由摘芯的作業，多培養一些側邊的芽，讓整棵植物變得比較茂密，也能開出較多花朵。妥善地重覆修剪枝葉、摘芯的作業，就可以讓植物保持在美麗的狀態，享受繁花似錦。

利用摘芯來控制生長

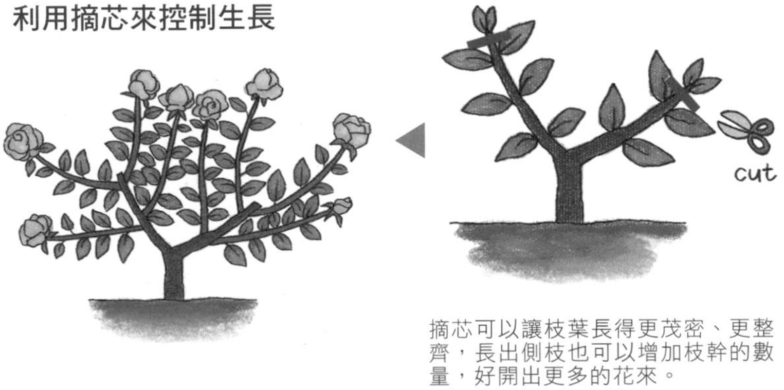

摘芯可以讓枝葉長得更茂密、更整齊，長出側枝也可以增加枝幹的數量，好開出更多的花來。

修剪枝葉

右圖是花朵熱烈綻放、長得很繁茂的宿根愛蜜西。檢查葉子的根部是不是有冒出新芽，如果有的話，就把新芽的上方剪掉。修剪後，再移植到大一號的花盆裡，就可以生長得更挺拔。

四季的管理

由於植物的生命週期會呼應季節的變化，所以要考慮到冷暖及陽光的問題，配合季節進行管理。

春

春天是植物從冬眠中甦醒過來，開始旺盛生長的季節。多年生草本植物及樹木會抽出新芽，然後迎接百花怒放、繽紛絢爛的季節。當植物進入生長期，便會需要大量的肥料和水。仔細地觀察其生長的情況，好好為植物澆水吧！

移植、種植

春天是移植、種植的季節，很多園藝店家也會陳列出許多花苗，所以也是最適合規畫新一季的花園要怎麼設計的季節。準備好大一點的花盆和新鮮的土壤，為過了一個年，根已經在花盆裡繞了好幾圈的植物換個新家。

注意梅雨季節的悶熱氣候

梅雨季節時濕度會上升，因為悶熱的關係，植物會滋生黴菌，變得容易生病。如果是組合盆栽，請稍微把擠在一起或太長的地方修剪一下，再剪掉內側貧弱的莖，盡可能讓透氣性變好。

夏

或許是受到全球暖化的影響，近年熱過頭的天數有逐年遞增的趨勢，而且陽台還是溫度特別容易上升的場所，所以夏天的重點在於如何保護花草不受乾燥和高溫的傷害。尤其是小型的花盆，土壤很快就會乾掉，盡量避免直射日光，早晚都要澆水，幫助植物度過炎熱的夏天。

避免日光直射

如果無法移至陰涼處，請利用簾子擋住大太陽，避免直射日光。如果地板過熱，也可以把植物放到台子上。另外，因為陽台很容易反射太陽光，即使到了傍晚，溫度也遲遲不見降低，所以不妨在地上灑點水降溫。

出門時請做好保水措施

如果會有好幾天不在家時，請把裝了水的大型托盤放在陰涼處，再把花盆放入，然後把專用的噴嘴裝在保特瓶上，用來給水。在浴缸裡放水，把花盆擺進去也是一個應變方法。

秋

在夏天暫時進入休眠狀態的植物，一到了秋天，就會再度恢復精神，依品種而異，有的會開始迎接開花的季節，有的會準備過冬。為了避免於冬天消耗過多的養分與水分，不妨先將多年生草本植物或樹木類植栽修剪一番，或利用移植的方式，讓植物的體積縮小一點。

移植、分株

將在夏天長大的花苗移到更大一號的花盆裡。多年生草本植物一旦長得太大，就會老化，所以每隔幾年就要進行分株，將其分成小小棵，好使其恢復年輕活力。

做好防颱準備

一旦颱風接近，就要盡可能把花盆搬進屋子裡，尤其是懸掛類的花盆一定要取下，如果無法移入室內的花盆，請用繩子固定在女兒牆上。個子太高的植物可以用報紙把土蓋住，放倒並綁起枝幹。

冬

雖然有些植物在冬天也會朝氣蓬勃地開花，但是較多植物會進行冬眠。對於休眠中的植物請不要澆太多水，但是如果任由土壤完全乾掉的話，植物也會枯死，請特別注意。至於原產地是溫暖地帶的植物，遇上寒霜或冷風可能會枯死，所以別忘了要做好禦寒措施。

修剪多年生草本植物

在進入冬天的休眠期以前，請事先把多年生草本植物乾枯的葉子和長太長的莖剪掉，進行修剪，這麼一來，就不會讓植物承受太大的負擔。另外，玫瑰也要在冬天進行修剪。

禦寒措施

如果要種在陽台上，建議盡可能選擇不畏寒冷、能夠在戶外過冬的植物。請盡量把不夠耐寒的植物移到室內，或是用塑膠袋或小型的防護罩把植物整株包起來，在寒風刺骨的夜晚用紙箱蓋住也是一種禦寒措施。

組合盆栽讓陽台花園更亮眼

組合盆栽DIY

組合盆栽可以呈現出季節感，
將空間點綴得多彩多姿，
為了實現精緻優雅的陽台，
就要掌握住組合盆栽的訣竅！

將當季花卉與觀葉植物組合起來的組合盆栽會成為抓住視線的焦點，是陽台園藝中不可或缺的要角。利用不同植物的排列組合、色彩搭配、器皿的使用等等，就可以創造出讓人意想不到的世界，也能呈現出個人品味。

放在陽台上的組合盆栽，能夠融入風景的小盆景會比存在感過於強烈的花盆要來得適合，而且如果能夠維持比較長的期間，更是理想。

請掌握住基本的作法之後，學習色彩的搭配及植物排列組合的訣竅，想像自己在描繪風景一般，試著打造出「只此一家、別無分號」的美麗組合盆栽。

迎風搖曳的花朵
捎來春天的訊息

建議把細長形的組合盆栽放在棚架的最上方，或者是用勾子掛在女兒牆上，立即就能將大量的花草映入眼簾，存在感不容小覷，所以請盡量選擇自我主張不要那麼強烈、能夠融入風景的花卉。再把個子比較高、會迎風搖曳的金英花配置在中央，以淺黃色為主角的花草，再加入些許藍色植物，營造出春天的氣氛。包含葉片上有斑紋的植物，皆採用了色調繽紛多彩的種類，在搭配的時候要讓相鄰的植物呈現出色調上的差別。

❶ 六倍利
❷ 白雪蔓
❸ 黃水枝
❹ 宿根愛蜜西
❺ 金英花
❻ 三色堇
❼ 宿根糖芥
❽ 肺草
❾ 黃色鵝河菊
❿ 墊狀霞草
⓫ 牛津藍婆婆納

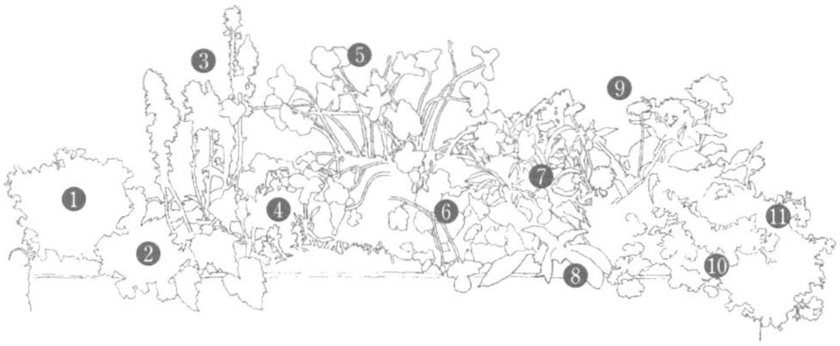

❷ 白雪蔓

❹ 宿根愛蜜西

❼ 宿根糖芥

❽ 肺草

❾ 黃色鵝河菊

組合盆栽 Step By Step

利用椰子纖維減輕重量

利用鐵絲籠和椰子纖維製作盆器，
可以減輕重量，還能呈現自然感。
祕訣在於植物的色調必需協調，
再把高高低低的植物混合在一起。

1 將買回來的花苗放進鐵絲籠裡，試擺位置。把會開出漂亮花朵的植物放在正中央，將不同的高度的植物交錯擺放，並讓相鄰的植物在花色上有深淺之分，葉子也要配合相鄰的植物，搭配擺放。

2 將椰子纖維拆散，鋪在鐵絲籠的底部和側面。注意椰子纖維的使用量，如果鋪了太厚，就會沒有空間裝土，所以請把厚度控制在不會透光即可。

3 光是只有椰子纖維的話，透氣性太好，會導致土壤很快乾掉，所以要再鋪上一層塑膠布。有沒有多這一道手續的結果將會大不相同，會反應在澆水的次數上。

4 為了方便排水，利用剪刀在塑膠布的底部打一些洞，洞的數量愈多，排水的效果愈好。

5 將緩效性肥料加入培養土裡調和。魔肥就算直接碰到植物根部也不會造成損傷，很適合做為要密集種植的組合盆栽的基肥。

6 把種植用的土壤填入塑膠上，大約1/3高度。即使是空間窄小的容器，只要使用圓筒形填土器，就能輕鬆填土。

7 請從正中央的植物開始種植。從盆子裡將花苗取出來，輕輕剝除多餘的根，並將表土稍微撥掉一些。

8 請從中間開始種植，如果從一邊開始種植的話，中間的位置會跑掉。在種植的時候，可以將靠近花苗下方，已經枯萎的葉片拔除乾淨。

9 將植物依序種入，並將相鄰的花苗輕輕靠緊。如果花苗放入高度不夠時，就要補充土壤，將高度墊高。

10 全部種植完畢，在空隙處填入土壤後，將整個鐵絲籠提起來輕放，反覆幾次，讓土壤密實，有下陷處再用土壤填滿。

11

用剪刀將多餘塑膠布剪掉。

12

將外露的椰子纖維壓入，並將塑膠的邊緣藏起來，整理完畢，再澆上大量的水，直到水從底部流出來。

完成

利用大灰蘚，營造自然風

在組合盆栽裡使用大灰蘚，就能呈現出自然的風味。加入球根植物中的葡萄風信子，展現出春天的氣息。一般而言，球根植物的花期比較短，所以可以鮮活地展現出強烈的季節感。
為了能夠長期欣賞到整個組合盆栽的丰采，所以在種植球根植物的時候，請連同塑膠盆一起種入，等到花季結束以後，只要把塑膠盆整個拔起，改種其他植物就可以了。只要把葡萄風信子移到別的花盆裡，明年春天又可以欣賞到美麗的葡萄風信子了。

❶ 金英花
❷ 歐洲柏大戟
❸ 金錢蒲
❹ 斑葉南芥
❺ 葡萄風信子
❻ 淡青色葡萄風信子
❼ 圓葉遍地金
❽ 原種雛菊「戰場的天空」
❾ 鐃鈸花
❿ 宿根愛蜜西

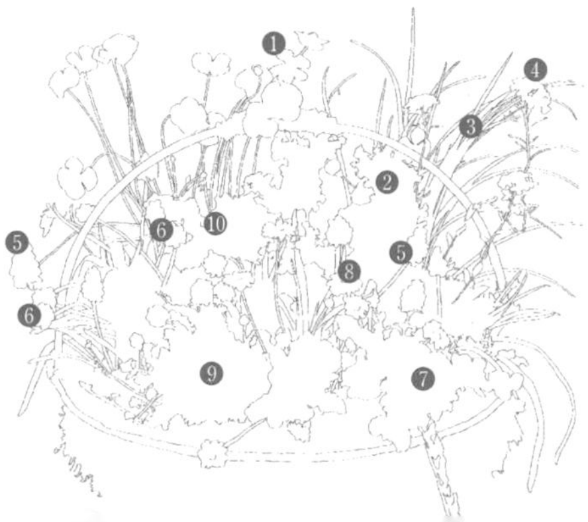

❷ 歐洲柏大戟

❹ 斑葉南芥

❼ 圓葉遍地金

❽ 原種雛菊「戰場的天空」

大灰蘚組合盆栽
Step By Step

掌握住大灰蘚的種植方法，
這次做為組合盆栽的器皿是
我在英國找到的復古鐵鑄籠。

1
需要準備的東西有：椰子纖維、黃麻布、大灰蘚，為了表現出春天的氣息，可以挑選黃色的花卉植物。

2
把椰子纖維撥鬆，鋪在籠子底部。即使像這種底部幾乎是空的器皿，只要利用椰子纖維，就可以扮演好花盆的角色。

3
把大灰蘚貼放在籠子的側面，在貼的時候請盡可能不要留下空隙。

4
用手指將椰子纖維塞進大灰蘚底下，最好完全不要看到椰子纖維，只要用一隻手從內側按住大灰蘚，就會比較容易作業。

5
配合要種植的容器大小，將黃麻布剪成適當的大小再鋪進去，輕輕地壓平。

6
將適量的緩效性肥料與培養土混合後，將其鋪到黃麻布上，土壤的高度大約是容器的1/3。

7
從後面個頭比較高的植物開始種植。把土稍微挖出一個洞，調整出適當的高度。請把下垂性的植物微微傾斜地種在靠近邊緣的地方，使其比較容易伸展下垂。

8
將葡萄風信子連同軟盆一起種入，稍微將軟盆邊緣下折會更美觀，一面種植時需一面觀察整體視覺，隨時調整。

9
把土壤填進縫隙裡。花苗和花苗之間若留有一些縫隙，會更有天然原野風，所以請不要種得太密集。

10
把大灰蘚貼放在會看到土壤的地方，可以再加入一些達摩蘚等不同的苔蘚，就會更有原野的味道。

11
為了讓邊緣和側面的大灰蘚融為一體，要把大灰蘚塞進縫隙裡。

山元女士傾囊相授

組合盆栽四大重點

植物的選擇及配置其實不需要有太多技巧，只要掌握住幾個重點，就能打造出美麗的組合盆栽，將陽台妝點得美輪美奐。

Point 1 掌握整體色調

同色系搭配組合▶
輕鬆簡單又不容易失敗

組合盆栽最重要的一點，莫過於掌握住整體的色調。如果毫無計畫地種上各種不同顏色的花，會欠缺協調性、雜亂無比。將同色系的花卉加以排列組合是最簡單、最不容易失敗的作法。

只要將色調相近的大小花卉組合起來，再加上繽紛亮麗的觀葉植物，就能營造出既流行又能令人放鬆的氣氛。照片中的組合盆栽是在粉紅色～紫色的漸層色系裡，再加上海岸木菊等銀色的葉片，製造出畫龍點睛的效果，呈現優雅氛圍。

❷香雪球（紫）

❹海岸木菊

❻「銀騎士」木菊

❶香菫菜
❷香雪球（紫）
❸三色菫
❹海岸木菊
❺紫丁香
❻「銀騎士」木菊
❼蠟菊

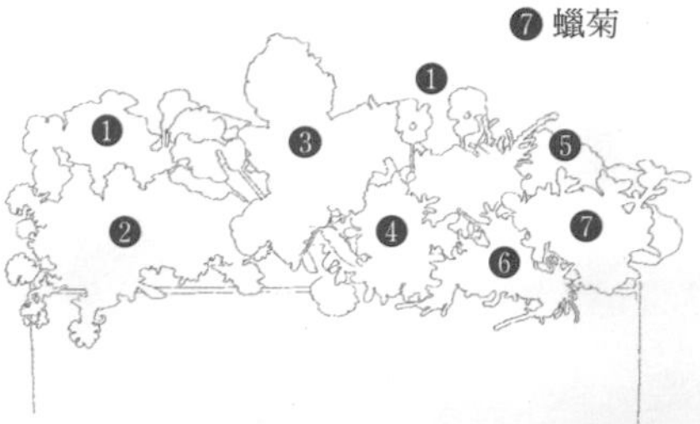

加入對比色組合▶展現強烈印象

右圖的色輪（色相環）中兩兩相對的顏色即為對比色，也稱為補色，具有互相調和，將彼此色澤突顯出來的作用。只要在組合盆栽裡加入對比色，就可以創造出活力四射的印象。

照片中的組合盆栽是利用廢棄的顏料箱製作而成的。由於容器本身已經具有自然斑駁的風味，所以可以利用黃色和紫紅色的對比色相互輝映，而報春花選用的也是黃色和紫紅色的品種，展現個性十足的印象。利用大膽的配色，讓人印象深刻。

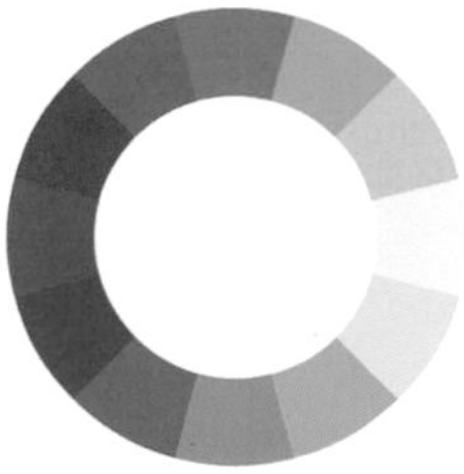

在色相環上兩兩相對的「補色」，能將彼此的色澤突顯。

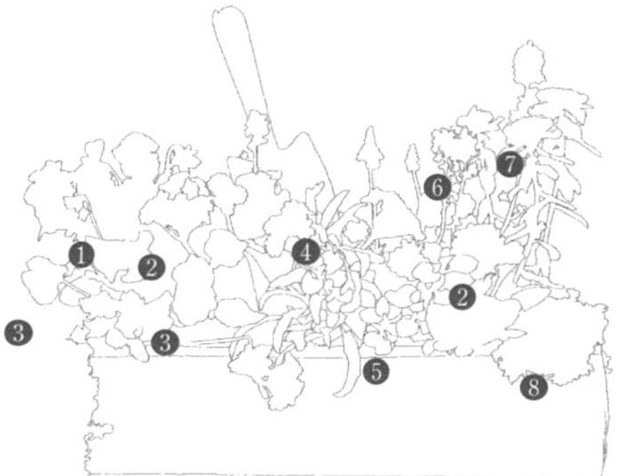

❹ 宿根糖芥

❺ 蠟菊

❻ 黃水枝

❽ 黃金萬年草

❶ 三色堇
❷ 報春花
❸ 香菫菜
❹ 宿根糖芥
❺ 蠟菊
❻ 黃水枝
❼ 歐洲柏大戟
❽ 黃金萬年草

Point
2

善用高低差
製造立體感

利用個頭比較高的原種型聖誕玫瑰製造出視覺重點。
利用輕盈地的海石竹製造出律動感與高度。
利用與銅葉同色系的暗紅色三色堇，製造出明亮的氣氛。
將蔓性的常春藤朝下種植，使其向下延伸。
利用銅葉的歐洲柏大戟、三葉草將整體的感覺整合起來。銅葉十分適合綠色系的花。

在栽培組合盆栽的時候，只要把個頭比較高的植物放在中央當主角，製造出高低差來，就會擁有層次的美感。再加上草類及會形成穗狀花序的植物、下垂性的植物，還能製造出律動感，讓植物表情更加生動。

照片中組合盆栽的重點在於將綠色與暗紅色加以排列組合。銅葉十分適合綠色系的花，扮演著整合的角色，再加上白色的報春花，提升明亮感，讓人在洗練中還能感受到春天的氣息。

❶ 原種型聖誕玫瑰
❷ 海石竹
❸ 常春藤
❹ 報春花
❺ 歐洲柏大戟
❻ 三葉草
❼ 三色堇

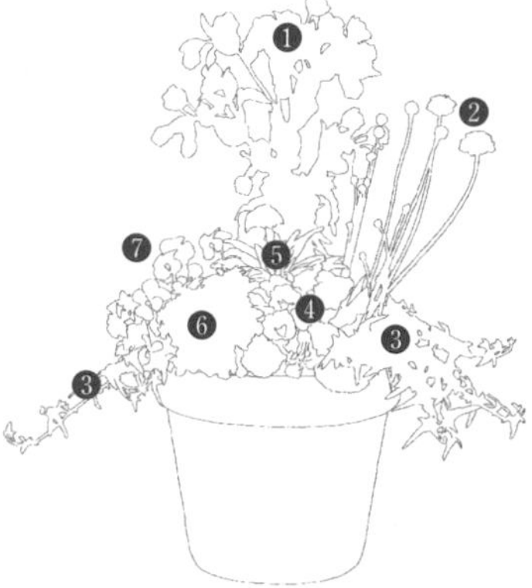

充滿律動感的植物

隨風搖曳的植物及匍匐性、下垂性的植物等等，
只要在組合盆栽裡加入這些能製造出動感的植物，
就會讓盆栽表情更為生動豐富，
請務必要加入這些重要的配角。

禾草類植物

葉子細細長長的種類是很活躍的配角。薹草有很多種類，又不會長得太大，非常適合用於組合盆栽。

石菖蒲

薹草

薹草

緞帶草

藤蔓性植物

藤蔓會延伸生長，像是隨時要起舞的樣子，可以為組合盆栽帶來活潑的氣息。

斑葉多花素馨

金葉藤

鐵線蓮

常綠鐵線蓮「銀幣」

匍匐性和下垂性植物

具有會在地面上爬的匍匐性植物，和以往下垂的方式生長的植物，皆能為組合盆栽創造出豐富的表情與律動感。

斑葉鈕扣藤

爬牆虎

頭花蓼

鐃鈸花

Point 3 延長欣賞期

❶ 聖誕玫瑰
❷ 歐洲柏大戟
❸ 小丑火棘
❹ 三色堇
❺ 硫磺外毛百脈根
❻ 常春藤

❸ 小丑火棘

❺ 硫磺外毛百脈根

2月26日

花期過後依舊美麗

既然要栽培組合盆栽，何不選擇可以長時間欣賞的植物種類呢？有鑑於此，祕訣就在於除了要以花期比較長的植物為主角，還要選擇即使在不開花的時候，也很有魅力的植物為配角。

三色堇會從秋天開到春天，聖誕玫瑰會從早春開到春天，兩者都是花期比較長的植物。即使是在繁花落盡時，美麗的葉色及表情豐富的觀葉植物也很賞心悅目。重點在於要將銀葉的聖誕玫瑰和黃綠色的常春藤、銅葉的歐洲柏大戟，經過排列組合，讓葉片的大小與葉子的顏色形成對比。

4月6日

即使到了4月，三色堇和聖誕玫瑰也還繼續盛開，歐洲柏大戟則是一個勁兒地向上伸展，呈現出另一種感覺，像這樣欣賞逐漸變化的形狀，也是種植的樂趣之一。

移植後仍具風味

為了能長時間欣賞到美麗的組合盆栽，對花期已經結束的植物進行移植，也是一個可以再生利用的方法。例如以球根植物中的葡萄牙海蔥為主角的豪華組合盆栽，等到葡萄牙海蔥開完以後，筋骨草便會抽出紫色的穗狀花序，粉蝶花也會逐漸綻放。種植時，將葡萄牙海蔥連同盆器種入，花季結束後，即使取出，剩下歐洲柏大戟和斑葉多花素馨，又是另一番風貌。

❺筋骨草

❻粉蝶花

❶歐洲柏大戟
❷雲南報春花
❸葡萄牙海蔥
❹斑葉多花素馨
❺筋骨草
❻粉蝶花

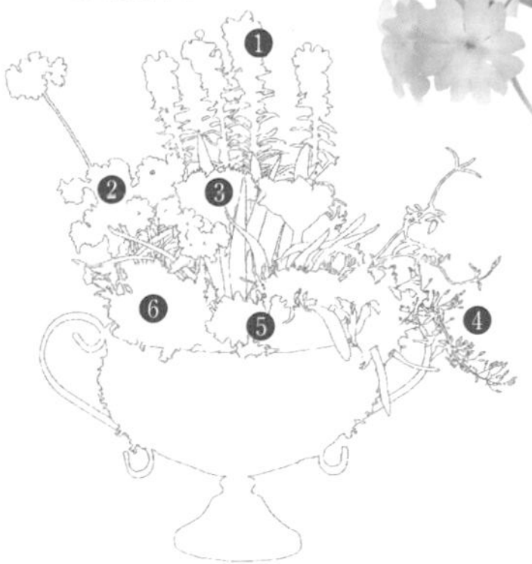

2月26日

4月20日

再加入鐵線蓮、歐洲柏大戟、遍地金，營造出另一種風情。

Point 4

善用彩葉植物

組合盆栽的構成不能只有花，也要使用各種彩葉植物來當配角。這時，將相鄰的彩葉植物的顏色及葉子的形狀、大小做出對比來，效果更好。彩葉植物有著各式各樣琳瑯滿目的顏色，銅葉能將整盆組合盆栽整合起來，黃金葉可以製造出亮麗的效果，至於銀色的葉片則是會呈現出洗練的氛圍。

彩葉植物帶來華麗繽紛

將銅葉、上頭有斑紋、黃金葉等顏色琳瑯滿目的彩葉植物組合起來，可以製造出華麗的視覺效果，即使花季結束以後，也不會覺得冷清。

利用葉片製造變化

花徑比較大的黑花和暗紅色的三色堇，搭配上形狀獨特的銀葉，極具變化性，再利用朝下方種植的常春藤來製造出律動感。

❶ 報春花
❷ 三色堇
❸ 宿根愛蜜西
❹ 銀墊木菊
❺ 三色堇（黑花種）
❻ 常春藤

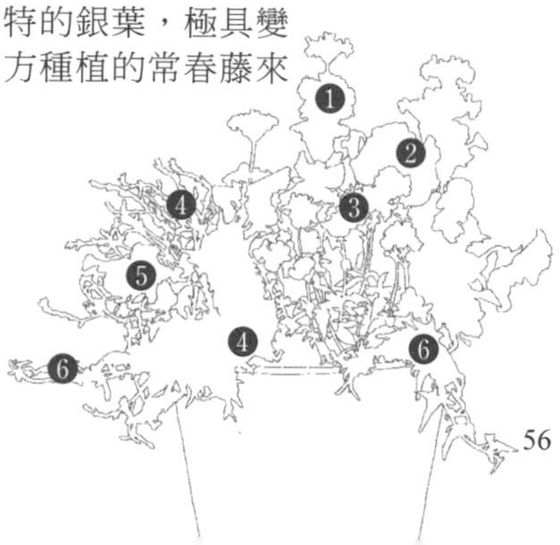

葉色美麗的彩葉植物❶

彩葉植物是組合盆栽中不可或缺的配角，
色彩與葉形除了可以為組合盆栽製造出高低起伏的效果，突顯花朵，
葉面還可以將空間妝點得繽紛美麗。（「葉色美麗的彩葉植物❷」請見p71」）

銀葉植物

銀色是花朵中所沒有、令人印象深刻的顏色，
能將花色突顯出來，營造出俐落的氛圍。

海岸木菊

銀葉薰衣草

銀墊木菊

「銀騎士」苔木菊

綿杉菊

肯特奧勒岡

粉紅色、混色葉植物

葉片上的斑紋混合了白色、粉紅色、紅色、綠色等好幾種顏色，可以創造出豐富多變的視覺效果。

小丑火棘

百里香

小丑扶芳藤

福克斯雷百里香

銅葉植物

從紅褐色到紫紅色，色彩琳瑯滿目，
沉穩的顏色無論搭配什麼花都很適合，具有視覺整合的效果。

礬根

甜菜

巧克力筋骨草

銅葉金魚草

三葉草

山元女士傾囊相授

四季組合盆栽全圖解

以可以呈現出四季，自己喜歡的花當主角——以下將依照每個季節及主題，介紹山元和實女士的組合盆栽。植物主角及配角的選擇、與容器的組合方法、配色等等，請務必加以參考。

冬～春

三色菫、香菫菜為寒冬帶來明亮感

三色菫、香菫菜從秋天到冬天、春天這三個季節都會陸續開花，是花期相當長的植物。為了將一到冬天容易顯得冷清的陽台妝點出明亮多彩，是陽台園藝中不可或缺的植物，也是從秋天到春天的組合盆栽裡的主角。

一到秋天，園藝店就會陳列出大量三色菫、香菫菜的花苗。由於品種不斷改良，每年都會增加新的品種，所以種類多到令人眼花撩亂。單看一種就已經很漂亮了，透過排列組合，更是充滿豐富變化。為了讓完成品更具品味美感，重點在於確實地擬定色彩計畫，減少顏色數量，並慎選配角植物。而為了增加開花的數量，長時間都能欣賞到繁花似錦，就不能忘了要不厭其煩地把已經凋謝的花摘掉和追加肥料，務必將平常的管理變成一種生活習慣。

紫色漸層の組合盆栽

將粉紫、淺紫、深紫等紫色花卉，組合成美麗漸層的組合盆栽。以顏色種類琳瑯滿目的三色菫系列為主角，再錯落有序地加入一些小花，將大小各異的花混合在一起，再加入寶蓋草等觀葉植物或下垂性的植物就不會顯得單調，反而會很有變化。

❶ 三色菫（黑花種）
❷ 香雪球
❸ 宿根愛蜜西
❹ 三色菫（蘿莎種）
❺ 寶蓋草
❻ 三色菫（千花種）
❼ 紙鱗托菊
❽ 三色菫（藍色種）
❾ 福克斯雷百里香
❿ 牛津藍婆婆納

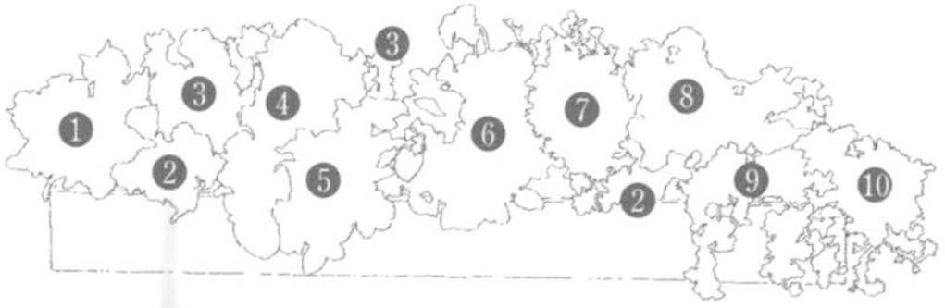

❶聖誕玫瑰
❷歐洲柏大戟
❸香堇菜
❹金葉蠟菊
❺三葉草
❻三色堇
❼寶蓋草
❽報春花
❾銀紋沿階草

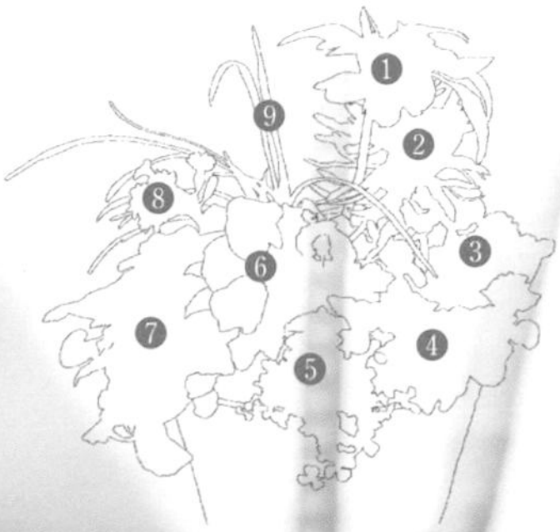

❹金葉蠟菊

❺三葉草

❼寶蓋草

❾銀紋沿階草

柔和的黃綠色調 捎來春天的氣息

主題為「俐落又可愛」，將聖誕玫瑰與同色系的深紫色三色堇、三葉草加以組合，再利用花瓣滾著荷葉邊的香堇菜來增添幾分溫暖的感覺。

報春花也要選擇深紫色和黃色等個性十足的品種來將顏色加以統一；金葉蠟菊的鮮黃色和香堇菜會呈現出春天的感覺。在一邊構成時，也要留意組合時的線條和面向，例如葉片上有斑紋的線條、花莖的直線、葉子類的面向等等。聖誕玫瑰的花季結束後，歐洲柏大戟會接棒演出，繼續展現不同的表情。

冬～春
盡情沉醉在聖誕玫瑰的魅力裡

聖誕玫瑰是毛茛科嚏根草屬的植物總稱。我想有很多人看到聖誕玫瑰這個花名，會以為這是在聖誕節開的花，但是在聖誕節前後開的聖誕玫瑰是學名為「**Helleborus niger**」的品種。除此之外的聖誕玫瑰都是在2～4月開花。

近年來，聖誕玫瑰愈來愈受到喜愛，品種也不斷改良演進，花色和花形都變得琳琅滿目。看起來像是花瓣的部分其實是萼片，低下頭來綻放的模樣十分惹人憐愛，雙層瓣或重瓣的花都很迷人，十分雍容華貴，可以說是冬～春季組合盆栽中的女王。

單株綻放也不容忽視

由於聖誕玫瑰相當具有存在感，因此就算只有一株也很漂亮。根會札得比較深，所以請準備深一點的花盆。

每年都能欣賞的不敗組合

為了突顯出聖誕玫瑰粉紅色的雙層瓣，請配置銀葉或草類的植物。深咖啡色的筋骨草從下面往上看時非常可愛，所以建議裝飾在棚架上比較高的位置。

❺薹草

❻金葉寶蓋草

❶聖誕玫瑰（雙層瓣）
❷銀葉寶蓋草
❸雛菊
❹筋骨草
❺薹草
❻金葉寶蓋草
（因為種在筋骨草的後面，所以照片裡看不到）

埋下隱藏球根
期待春天的綻放

使用新鮮的大灰蘚，直接種在復古風味的花籃裡，呈現出自然的風情。由於是以聖誕玫瑰為主角，所以其他配角選擇的是比聖誕玫瑰還矮的植物，顏色也控制在白花及黑、銅葉等色調，利用「減法」的思考邏輯來將整個組合盆栽整合起來。由於還埋下了葡萄風信子和鬱金香等隱藏球根，令人很期待春天的到來。

❷ 粉蝶花（白）

❸ 礬根

❶ 聖誕玫瑰（雙層瓣）
❷ 粉蝶花（白）
❸ 礬根
❹ 黑龍
❺ 寶蓋草
❻ 粉蝶花（黑）
❼ 屈曲花
● 隱藏球根
葡萄風信子
天使鬱金香
黑英雄鬱金香

經過改良，擁有各式各樣的花色和花形

聖誕玫瑰原種系品種

冬～春

迎著春風搖曳生姿，浪漫極了

將會抽出穗狀花序的植物使用在組合盆栽裡，不只可以製造出高低差來，展現立體感，還會輕飄飄地迎風招展，呈現出春天的氣息。尤其是淡淡的粉紅色和淡黃色、綠色系的花，在詮釋春光浪漫的氛圍上非常有幫助。

在使用到迎風招展的穗狀花序植物時，可以再加入下垂性的植物，製造出上下的律動感，只要把三色堇等具有存在感的花放在正中央，就能擁有安定感。

1. 歐洲高山糖芥
2. 歐洲柏大戟
3. 銀葉寶蓋草
4. 普剌特草
5. 三色堇
6. 宿根愛蜜西
7. 山苔蘚

● 隱藏球根　葡萄風信子

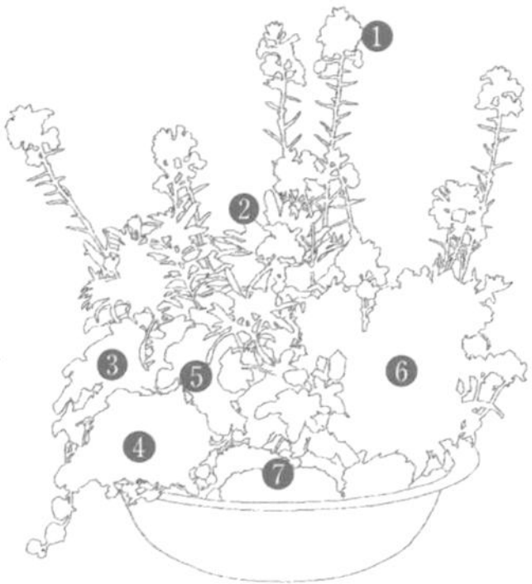

山苔蘚 表現出春天的原野風情

將不用的臉盆當成容器來使用。使用了山苔蘚，表現出天然草原的世界。三色堇使用的是花瓣滾著荷葉邊、色彩繽紛的品種。另外，為了不要顯得太過於甜美，利用銅葉的歐洲柏大戟加以平衡。把隱藏球根放在山苔蘚底下，再過不久，葡萄風信子就會開花了。

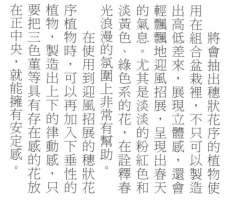

迎風搖曳的可愛花兒

報春花
報春花科
不畏寒冷，從冬天到春天會不斷地抽出穗狀花序，白色～深粉紅色成簇的小花爭相綻放。

雲南報春花
報春花科
會開出直徑2.5公分左右、淺桃紅色中略帶紫色的花。莖和芽上長著密密的細毛。

飛燕草
毛茛科
日文名稱為千鳥草。會形成長長的穗狀花序，修剪枝葉之後還能欣賞到第2次、第3次的花期，有白色和粉紅色的花色。

金英花
罌粟科
在細緻纖弱的莖上會開出黃色的花。也有人以加州罌粟、花菱草等名字來稱呼它。

兔尾草
禾本科
學名「Lagurus ovatus」的意思是野兔的尾巴，輕盈膨鬆的穗狀花序非常可愛。

鴯鶓木
苦檻藍科
別名「白木」。原產自澳洲，宛如雪白綿絮一般的葉子是其特徵，花期為春～夏。

吸睛度 100% 的三色堇

為了將自我主張比較強烈的三色堇整合得成熟一點，不妨將其與葉色比較沉穩、個頭也比較高的歐洲柏大戟，或可以呈現出銳利線條的草花類做結合。報春花之類的小花風姿綽約，春色更加濃郁了。

❷ 金葉石菖蒲

❶ 報春花
❷ 金葉石菖蒲
❸ 歐洲柏大戟
❹ 三色堇（彩色種）
❺ 絨藤

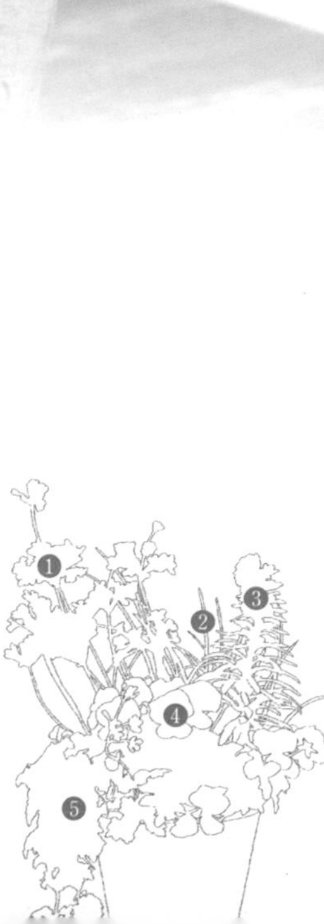

春

一支獨秀的風信子

一般來說，球根植物的花期比較短，也因此可以呈現出鮮活的季節感。另外，由於通常都會開出充滿存在感的花，所以只要加到組合盆栽裡，就能呈現出華麗的氣氛。葡萄風信子等小球根雖然身為配角也會很活躍，但是幾乎都被當成主角。

從上一個秋天就先填在組合盆栽裡，等到時機成熟後，就會破土而出，等待它開花也是一件很有趣的事。等到花全部開完以後，再換上別的植物，就又能享受到不同的氛圍了。

❷ 斑葉鈕扣藤

❻ 牛津藍婆婆納

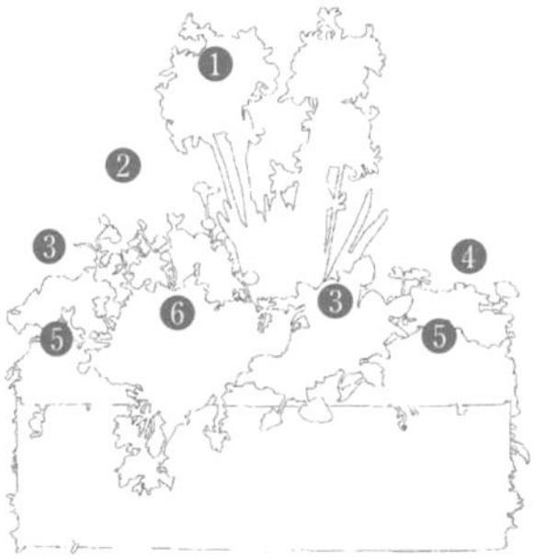

❶ 風信子
❷ 斑葉鈕扣藤
❸ 寶蓋草
❹ 黑葉三葉草
❺ 卷柏
❻ 牛津藍婆婆納

綻放在原野的風信子

將卷柏和活的大灰蘚、寶蓋草等風味及情趣發揮到淋漓盡致的自然風組合盆栽。只要將整棵風信子事先種在塑膠盆裡，接下來要換就很方便了。除了主角以外，幾乎都是完全不需要照顧的綠色植物，所以維護起來非常輕鬆。

春～初夏

高雅的白色世界

近幾年來，以白花為主的白色花園愈來愈受歡迎。利用白花來打造組合盆栽，就能製造出既高貴又優雅的氛圍，而且具有很好的搭配性，可以融入到任何風景，請務必要擺一盆在陽台上。

如果配合花蕊的顏色，再加上一點黃色的花，就能成為視覺的焦點。另外，藉由將大大小小的花組合起來，製造出高低差，即使顏色不多，也不會顯得單調，而是會產生有趣的高低起伏。即使是做為配角的觀葉植物，也要刻意選擇白色調，挑選葉片上有斑紋或銀葉的植物等等。善用葉子的質感和形狀的差異，一次用上好幾種來製造變化。

任何風格都能融入的百搭盆栽

以銀葉的植物為中心，將形狀各異的植物組合起來，再畫龍點睛地加入斑葉歐洲柏大戟，花期很長，可以長時間欣賞到漂亮的花。另外，歐洲柏大戟具有強韌生命力，可以撐到第二年。

❸ 蠟菊

❹ 銀埑木菊

❼ 海岸木菊

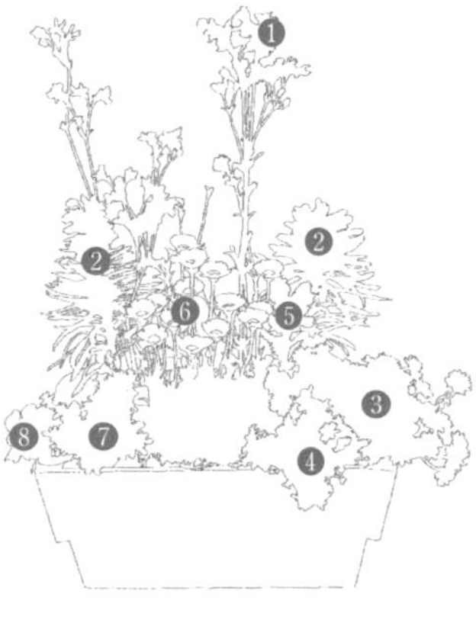

❶ 白羅賓剪秋羅
❷ 斑葉歐洲柏大戟
❸ 蠟菊
❹ 銀埑木菊
❺ 銀葉菊
❻ 摩洛哥菊
❼ 海岸木菊
❽ 銀葉寶蓋草

彩葉植物 無可取代的美麗葉色

彩葉植物最有意思的地方，就在於擁有花所不會有的顏色，例如深沉的紅色或帶點金屬光澤的銀色等等。基本上，只要有澆水，就可以常保美麗也是其吸引人的地方。由此可知，由各式各樣的彩葉植物所構成的組合盆栽可以一年四季都很漂亮。由於帶點大人的成熟韻味，又很強韌，不太需要費心照顧，所以請務必挑戰看看。只要偶爾把花交換一下，就可以改變形象。

祕訣在於利用相鄰的植物製造出對比，把葉色和葉子的形狀等等，感覺迥然不同的植物組合在一起，使其產生變化，呈現出豐富的變化效果。另外，製造出高低差來也是很重要的一環。

平凡的木製容器也能種出活潑感

以銅葉的植物為主，讓彩葉植物齊聚一堂的組合盆栽超有個性的，即使不是開花的季節也很賞心悅目。銅葉的金魚草也會開花，但葉子的顏色才是最吸引人的。櫻茅由於花期比較短，開完之後直接拔起來，換成別的花也不錯。為了不讓喜馬拉雅霞草長成一片，花季結束以後就要修剪。

③ 重瓣櫻茅

④ 喜馬拉雅霞草

① 銅葉金魚草
② 斑葉金魚草
③ 重瓣櫻茅
④ 喜馬拉雅霞草
⑤ 三葉草

溫柔清新的綠色花環

做成花環的組合盆栽可以平放，也可以傾斜地立著，使用方法多變有趣。由於形狀很漂亮，將會成為陽台上的視覺重點。

在製作花環的時候，可以使用圓形的籃子，市面上有各式各樣的產品，像是把種植盆栽用的布鋪在鐵絲網狀的花器裡，或者是把塑膠布鋪在甜甜圈狀的籠子裡，使用起來的感覺也各有巧妙不同。要組合些什麼植物可視個人喜好，但是多選用一些觀葉植物，只要更換花的部分，就可以一整年都賞心悅目。再加上一點藤蔓性的植物，產生律動感。

使用了多肉植物的花環既別緻，管理起來又很簡單。這時不妨把環狀的籃子平放，再鋪上排水性能好的土壤，把多肉植物種上去。

❷ 雛草

❸ 粉紅珍珠寶蓋草

❶ 斑葉多花素馨
❷ 雛草
❸ 粉紅珍珠寶蓋草
❹ 銀葉蠟菊
❺ 金葉蠟菊

多年生草本植物組合花環

雛草就算在花季結束以後，光是葉子就可以欣賞一整年，養在陰涼處也不要緊。斑葉多花素馨伸長會有一種溫柔纏繞的感覺，具有律動感，美不勝收。由於全都是由多年生草本植物構成，所以要經常修剪，尤其是夏天，更要注意悶熱的問題。

春天的花卉圖鑑

春天繁花似錦，許多種類都非常適合用在組合盆栽裡。其中還有能一路開花到秋天的植物。不妨確認花期，以此做為組合盆栽的參考。

藍菊（斑葉種）
菊科

淺紫色的花瓣和葉片上的斑紋形成美麗的對比，即使在不開花的季節也可以當成彩葉植物來欣賞。花期為4～6月。

藍眼菊
菊科

原產於南非，有花瓣呈管狀的品種（也有會開出白花的品種）等等，種類非常豐富。花期為3～6月。

白菊（斑葉種）
菊科

會開出雪白清純的花，上頭有斑紋的葉片也可以當成彩葉植物來欣賞。花期為4～6月。

瑪格麗特
菊科

具有琳瑯滿目的花色、花姿，也有會長成比較大棵的品種。花期為3～6月，但是有些品種在秋天也會開花。

報春花
報春花科

為大型的櫻草，絨毛的葉片質感及葉子的形狀十分美麗。也可以做為彩葉植物使用。花期為12～4月。

宿根愛蜜西
玄參科

粉紅色～紫色的小花會長成穗狀花序，依序綻放。只要時不時地加以修剪，就能延長開花的期間。花期為3～6月、9～11月。

紙蠟菊
菊科

顧名思義，就像紙工藝一樣細緻，充滿皺褶的乾燥花瓣是其特色。花可以撐很久，能提供長時間的欣賞。花期為3～10月。

桃色蒲公英
菊科

原產於南義大利及巴爾幹半島上的花，具有溫柔的風情。學名為Crepis rubra。也有白花的品種。花期為3～5月。

摩洛哥菊
菊科

原產於非洲。帶點銀色的葉片和花的對比十分美麗。夏天請放在通風的陰涼處。花期為3～6月。

法國薰衣草
唇形花科

薰衣草有很多品種，上圖為法國薰衣草的一種。穗狀花序的前端宛如天使的翅膀。花期為3～6月。

風鈴草

桔梗科

嬌弱的花會形成直徑2公分左右的星形，大量地開滿整個枝頭。花期為5～7月。

雛菊

菊科

是比較靠近原種，洋溢著野生趣味的雛菊。生命力非常強，白花裡偶爾會混雜著粉紅色或紅色的花。花期為3～6月。

宿根藍堇菜

堇菜科

三色堇的同伴絕大部分都是一年生的草本，但是也有具有耐寒性的宿根。花期為11～12月、3～5月。

藍花茄

茄科

原產於巴拉圭～南美的非耐寒性灌木。上頭有斑紋的葉片和花的對比充滿魅力。花期為5～11月。

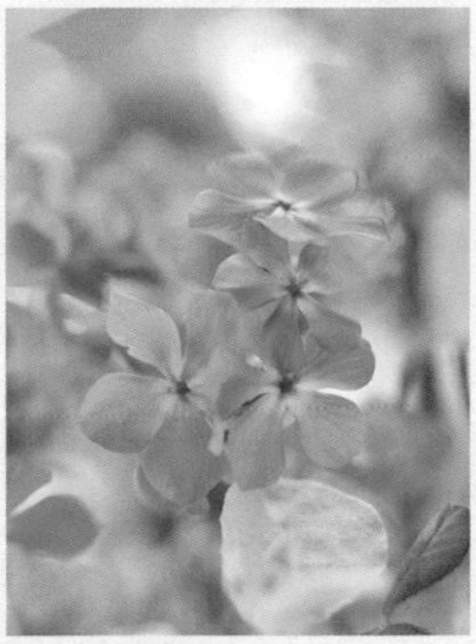

宿根福祿考

花荵科

花的顏色琳瑯滿目，有白色、粉紅色、紅色、藍色等等，往往是組合盆栽的主角。花期為6～9月。

筋骨草

唇形花科

是很活躍的匍匐性彩葉植物，花本身也很有魅力，會抽出許多紫色的穗狀花序。花期為4～6月。

紅梅草

仙茅科

為小型的春植球根植物，有各式各樣的品種，例如白花、粉紅花、八重花瓣、葉片上有斑紋等等。花期為3～5月。

藍福祿考

花荵科

日文名稱為「紺碧草」。花莖會從匍匐性的樹枝上立起來，花具有香味。花期為4～5月。

天竺葵

牻牛兒苗科

會開出嬌小可人，形狀很像天竺葵的花，以在地上爬的方式增殖。花期為3～10月。

藍蠟花

紫草科

鈴鐺狀的花朵以朝下的方向綻放，帶點銀色光澤的葉片令人印象深刻。喜歡稍微有點乾燥的環境。花期為4～6月。

重瓣香堇菜

堇菜科

只要一株，甜美的香氣就會傳遍四周。重瓣的姿態也十分雍容華貴。花期為3～5月。

藍色矢車菊

菊科

矢車菊（Centaurea）有各式各樣的品種，如果要製作組合盆栽，建議選擇矮型的。花期為4～6月。

團形小花
不可或缺的配角

團形小花
是組合盆栽中不可或缺的配角，
除了可以襯托主角以外，
也扮演著將主角與觀葉植物結合的角色，
可以為整體取得平衡，
不妨試著巧妙地融入。

粉蝶花 田基麻科

以水平方向攀爬蔓延，會開出直徑1～2公分的藍色或白色、紫色的小花。花期為3～5月。

六倍利 桔梗科

開滿了蝴蝶形狀的小花。不喜歡高溫潮濕的天氣。只要勤加修剪，有的可以開到秋天。花期為4～6月。

螢草
紫草科

星形的花可愛極了。有藍色和白色的品種，以白色中帶有藍色條紋的品種最受歡迎。花期為4～6月。

藍色三葉草
豆科

為匍匐性的多年生草本植物，花期以外的季節也是相當活躍的地被植物。花期為11～5月。

白雪蔓
玄參科

幾乎一年四季都會長出小巧可愛的花。夏天請移到陰涼處，還要注意定期施加補充肥料。

香雪球 十字花科

小巧的花會形成繡球狀，以覆蓋住枝椏的方式盛開。色彩繽紛，有白色、粉紅色、紫色等等。花期為11～5月。

營養系白雪蔓
玄參科

大朵的過長沙。為半藤蔓性，會一面爬一面增長，也很適合掛起來展示。花期為4～11月。

鏡鈸花
玄參科

俗稱小兔子花。為半藤蔓性，會一面爬一面不斷地增長。花期為3～11月。

卷耳狀霞草
石竹科

是匍匐性霞草的一種。很適合放在組合盆栽的周圍或掛起來。花期為3～6月。

葉色美麗的彩葉植物❷

以下為大家介紹組合盆栽不可或缺的配角中，葉色明亮、可以襯托出主花，為整體加分的植物。（「葉色美麗的彩葉植物❶」請見p57）

鮮艷亮麗的黃金葉植物

黃金葉的植物能讓原本比較陰暗的空間變得明亮，是很活躍的地被植物。

卷柏

金葉寶蓋草

黃金蠟菊

硫磺外毛百脈根

黃金萬年草

黃金圓葉遍地金

把鮮豔亮麗的金葉類或斑紋觀葉植物裝飾在陰暗的女兒牆牆面上，可以提升空間的明亮感，創造出清新角落。

斑紋葉片植物

斑紋的呈現方式會依植物而異，很多斑紋植物於陰涼處也長得很好，能夠帶出明亮及清爽的氣息。

粉紅珍珠寶蓋草

銀葉寶蓋草

斑葉南芥

連錢草

金葉藤

歐洲柏大戟「冰河」

白花&白葉
打造純白世界

為了以白色調來加以統一視覺，使用了葉片上有斑紋和銀葉的植物。蕾絲花（Orlaya grandiflora）會開出白色蕾絲狀的花朵，也很適合搭配玫瑰和鐵線蓮，是很受歡迎的花。等到蕾絲花開到盡頭之後，再換上白色的金魚草或山桃草等其他白色的花。

❷ 銀葉桉

❹ 海岸木菊

❺ 銀埶木菊

❻ 歐洲柏大戟「冰河」

❶ 蕾絲花
❷ 銀葉桉
❸ 斑葉風輪菜
❹ 海岸木菊
❺ 銀埶木菊
❻ 歐洲柏大戟「冰河」

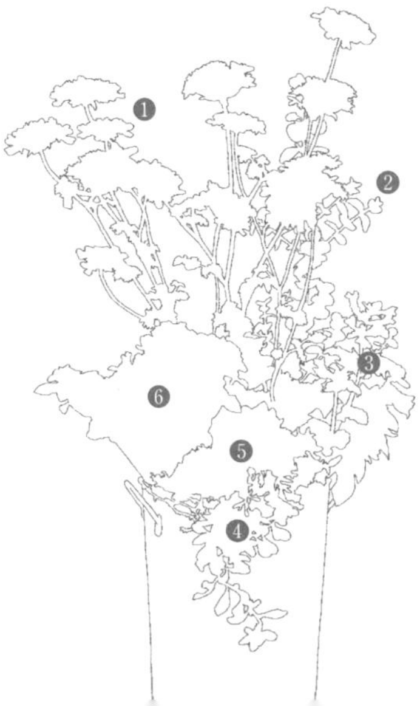

初夏～夏

映照著雪白的初夏

隨著夏日的腳步走近，就會讓人特別眷戀白色的花朵。陽台上有白色的花，就能洋溢著清爽的氣氛，讓人感覺到宛如少女般清新活力的味道。

在顏色的搭配選擇上，只要稍微「提味」就好，不要加入大紅大紫的鮮豔色系，反而失去純白的美感。另外，在把銀葉當成配角來使用的時候，要掌握住整體感。為了呈現出輕盈的感覺，最好也選用不會讓人覺得太沉重的器皿，只要盡量簡化，就能呈現出落落大方的氣氛。

石頭容器打造出有如藝術品般的盆栽

多肉植物的魅力就在於形狀的多樣化，與容器組合之後，可以呈現出各式各樣的風貌。利用石頭容器種植三種多肉植物，會發展成什麼樣的姿態呢？非常令人期待！

❶ 法雷
❷ 朧月
❸ 月影之宵

形狀特殊的多肉植物

日下美人

桃之嬌

麗蓮娜

黛比

特葉玉蝶

錄之鈴

三色景天

白雪景天

黃金圓葉萬年草

白蔓蓮

愛之蔓錦

黑法師

組合盆栽的五大管理重點

辛苦搭配而成的組合盆栽，當然希望保持長時間的美麗，
以下就為大家介紹組合盆栽的管理技巧及重點。
（關於植物的管理請參照p40～43）

環境

由於組合盆栽通常是在一個狹小的空間裡種很多植物，因此當植物長得愈茂盛，通風就會變得愈差，所以請盡量放在通風、明亮的地方。不過，夏天如果曝曬在陽光直射下，很容易就會過於乾燥，葉子有可能會燒焦，所以需避免置於陽光直射處。冬天寒流來襲時，需移至室內禦寒，或做好防寒措施。另外，為了突顯組合盆栽，不妨將其放在視線集中處，才不會掩沒在背景裡。

請盡可能放在通風良好、光線充足的地方。

澆水

一旦土壤的表面變白、變乾燥，葉片有點垂頭喪氣的時候，就要大量澆水，澆透到水從盆底流出來。請注意，風勢太強、或者是氣溫較高的日子，土壤都很容易乾燥，使用了椰子纖維的組合盆栽更是很快就會乾掉，所以請務必留心。

修剪、摘掉凋謝的花

要不厭其煩地摘掉凋謝的花。如果是花期較長的花，只要一開始先把開出花來的基部剪掉的「摘芯」作業，枝椏就會增加，就能開出更多的花。另外，當花變少的時候，只要加以修剪，過幾週就會復元，又開始開花。

觀葉植物有可能出現只有上面很茂密、下面空蕩蕩的情況。只要趁著下面還有葉子的時候，把中央的莖的部分剪斷（摘芯），就會長出側枝，長成更漂亮的形狀。另外，當葉子長得太過於茂密的時候，只要勤加修剪，不僅可以保持通風，還可以避免下面的葉子變黃。

適時進行修剪作業，可以享受到較長的花季。

施肥

在種植時，事先施加魔肥等當做作基肥的緩效性肥料，就不需要頻繁地追加施肥。如果施肥過多，讓植物長得太過於茂盛，反而會壓縮到組合盆栽的保存期限。在花開得最燦爛的時候，以每兩週一次的頻率，在澆水的時候順便施加稀釋過的液態肥料，濃度要依照規定的量施加，或是比規定量再稀釋一點比較好。每一到兩個月放置顆粒狀的化學肥料也是個不錯的方法。

害蟲

害蟲的種類會因植物的種類而異，最需要當心的是蚜蟲。如果不加以處理，很快會大量繁殖，害植物變得衰弱。只要事先把有機磷殺蟲劑等具有滲透性的藥劑灑在土壤上，在澆水的時候就會跟著被吸收上來的水分一起滲透到葉和莖裡，發揮除蟲效果。另外，也會有很多例如夜盜蟲或蛞蝓等在夜間活動的蟲，一旦發現就要趁早捕捉，加以消滅。

局部整理，立即帶來新氣象

觀葉植物可以透過修剪枝葉來調整形狀。至於已經過了花季的一年生草本植物，或要到明年才會再開花的多年生草本植物等等，則是要用鏟子連根挖起，再把殘留在土裡的根仔細地清除乾淨，然後倒入混合肥料的新培養土，種下與原來的組合盆栽風格大相逕庭的花苗，這時的重點在於除了色彩以外，在選擇花苗的時候也要考慮到與現有的植物在高度及分量上的比例平衡。只要能夠重新整理得漂漂亮亮的，就能躋身於組合盆栽的高手之林。

右圖為左圖的組合盆栽過了大約一個半月以後的樣子。留下觀葉植物，把蕾絲花和銅葉的金魚草、吊鐘柳等植物挖出來，換成宿根柳穿魚、矮牽牛、萬鈴花、雪絨花。

左圖為2月、右圖為6月。將葡萄風信子、金英花、宿根愛蜜西換成黑色的矮牽牛、迷你矮牽牛、斑葉糖芥。

陽台變身

家庭小菜園

一口咬下用新鮮現採的蔬菜做成的沙拉或剛剛好成熟的番茄，
心中會充滿「還是自己栽培的蔬菜最好吃了！」的小小幸福。
不管是忙碌的人還是菜園種植新手，都不需要擔心，
快來試試在陽台上輕鬆的培育蔬菜吧！

近年來，有愈來愈多人開始自己種植蔬菜或水果，不但可以品嚐到新鮮現採的滋味，吃起來倍感安心，還可以體驗到收穫的喜悅！

栽種過程中看到番茄的藤蔓伸展著、開花、結出小巧的綠色果實、然後慢慢地長大，變成鮮艷的紅色等等，光是走到陽台上，看到蔬果們生長的樣子，就會讓一顆心漲得滿滿的，充滿了興奮期待的情緒。

哪些蔬菜適合在陽台種植？

雖說沒有什麼蔬菜是特別不能種在陽台上的，但是陽台上的空間畢竟有限，如欲享受家庭式菜園的樂趣，還是有以下幾個重點必須注意。

首先是要選擇能夠直接種在容器裡，即使是外行人也能夠輕鬆栽培的蔬菜。在各種蔬菜裡，也有要花很多時間精神照顧的種類，如果一開始就從難度比較高

一口大小的迷你胡蘿蔔非常可愛，很適合做成沙拉或用來醃漬。

櫻桃蘿蔔從播種到收成的期間很短，是很適合種植在陽台上的蔬菜，可愛的外表也非常吸睛。

由左而右分別是已經發芽的芝麻菜、細香蔥、櫻桃蘿蔔、迷你胡蘿蔔。正中央的雞籠是從幼苗開始培育的皺葉萵苣。

的蔬菜下手，可能會因為麻煩而半途而廢。或是不易養活、無法獲得令人滿意的收成，尤其是工作忙碌的人，更應該從簡單又不容易失敗的蔬菜開始種起。

能否融入陽台上的風景，也是必須要考慮到的問題。好不容易打造出美麗的風景，要是種植一大片存在感太過於強烈的蔬菜，就會顯得過於突兀，所以請盡可能選擇外觀美麗，又能符合陽台氣氛的蔬菜。另外，可以從盆器多下一點工夫，或是種成組合盆栽，呈現出美好的氛圍。

從幼苗開始？從種子開始？

一到了春天，園藝店會陳列出琳瑯滿目的蔬菜幼苗。從幼苗開始種植比較不容易失敗，距離收成的期間也比較短。如果是從種子開始種起，可能會種出一大堆相同品種的幼苗，多到種不下也說不定。既然陽台上的空間有限，視品種從幼苗開始種植似乎比較合乎現實。

培植用土只要使用蔬菜專用的有機培養土即可。基本的種植方法和種花種草沒有什麼太大的差別，但是像番茄或小黃瓜這類蔬菜，則需要有支架。

也有一些蔬菜是要從種子開始種植才比較容易養得活。從種子開始種起會比較有成就感，喜悅也會加倍。如果是要在陽台上從種子開始種起的話，建議選擇迷你蔬菜等比較不占空間、從播種到收成的期間不要太長、不需要移植，可以輕鬆培育的品種，請務必也挑戰一下播種的作業。

利用木箱打造家庭式菜園，裡面種植著迷你胡蘿蔔、櫻桃蘿蔔、家庭菜園用綜合萵苣、茴香。

從幼苗開始種

新手也能輕鬆種植的不結球萵苣類

萵苣分成緊緊地結成一顆球狀的「結球萵苣」，與葉子會舒展開來，不會結成一團的「不結球萵苣類」。如果是要在陽台上培育的話，強力推薦比較好種的不結球萵苣類。從幼苗開始種，就絕對不會失敗。只要從外側的葉子開始，依序摘下需要的分量，就可以吃上兩個月左右，所以非常適合種在陽台菜園裡。

不結球萵苣類有各式各樣的顏色，從鮮豔的黃綠色到酒紅色等等，琳瑯滿目。葉面大而美，所以也可以成為用來妝點陽台的彩葉植物。而當成組合盆栽的素材時，更可以與其他蔬菜完美結合，與當季的花草組合起來也很漂亮。

為了保持葉子的柔軟，重點在於不要使其乾燥，也不要經常曝曬在直射日光下。一旦太過於乾燥，葉子的前端就會受到損傷。春天和秋天都是種植的好季節，但是由於不耐高溫潮濕，所以請種在通風處。為了不讓收成的季節剛好遇到盛夏，如果要在春天栽種時，請盡早進行。

迷你小番茄和好幾種不結球萵苣的組合盆栽。將葉色、葉形琳瑯滿目的植物種在一起，製造出變化。

栽培重點

●**澆水**
以一天一次為基本澆水量。澆水時需澆透，直到水從盆底流出來。由於害怕乾燥，所以在氣溫較高的日子，如果表面的土壤變得乾燥的話，要在傍晚再澆一次水。

●**追肥**
只要事先在種植的時候加入基肥，就不需要一再施肥。大約每兩個禮拜一次，在澆水時順便追加稀釋的液態肥料即可。

●**注意事項**
要注意春天的時候容易長蚜蟲。當太陽太大的時候，請移到陰涼處，以避免直接曝曬在直射日光下。由於高溫會使藤豎立起來，也比較容易長出花芽，所以如果要在秋天栽種的話，請等到稍微涼爽一點再種。

● **收成**
種下幼苗後大約經過1個月，葉子有超過10片以後，就可以收成了。請從外側的葉子一片一片地依序摘下。

栽培周期

	1	2	3	4	5	6	7	8	9	10	11	12
種植			種植	種植					種植	種植	種植	
收成				收成	收成	收成				收成	收成	收成

種類豐富的不結球萵苣類

最近市面上販賣各式各樣的萵苣苗，由左而右分別是「紅橡葉萵苣」、「皺葉萵苣」、「紅萵苣」、「甜菜」。小小的苗也可以當成嫩葉來吃。

料理時順手捻來的新鮮食材

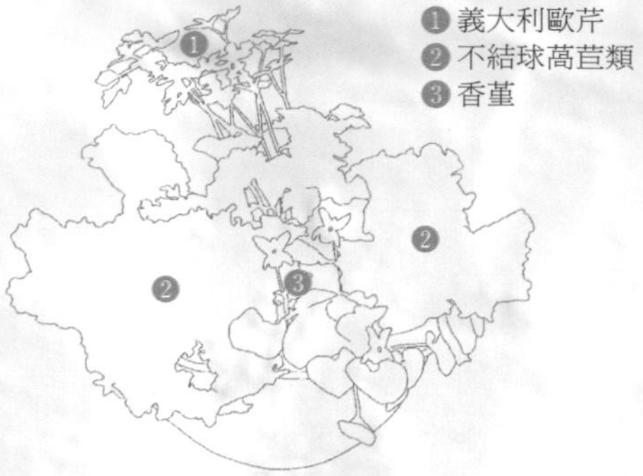

將網眼比較粗的麻布鋪在濾器（用來瀝乾水分的容器）裡，再放入打了洞的塑膠袋，把色彩繽紛的不結球萵苣類做成組合盆栽。為了製造出高低差來，把義大利歐芹種在正中央，再以香堇強調視覺效果。香堇的花和葉也可以泡成香草茶來喝。

從幼苗開始種

香草花園 為料理增添風味

各位是否也曾經有過這樣的經驗，為了做菜特別買了一把香草回來，結果往往用不完，只能放到壞掉？只要自己栽培，想用的時候再依照需要使用的分量，摘下新鮮的香草，非常方便，做菜似乎也會變得更開心呢！

香草也有各式各樣的品種，例如一年生草本植物中的羅勒、多年生草本植物中的鼠尾草、會長成低矮灌木的迷迭香和百里香等等。原本多半都是野生的植物，所以生命力旺盛，幾乎不需要費心照顧。但是也會因為生命力太過旺盛，而長得愈來愈茂密，所以最好是要經常修剪並摘下來食用。另外，香草多半都討厭潮濕，所以請放在通風良好的地方培育。

事先把經常使用的香草做成組合盆栽，就可以輕鬆地摘下需要的部分。只要多花一點工夫，與南法風味的花盆做搭配，或者是種在木箱裡，都可以呈現出優雅的氛圍。

容易培育的香草種類

義大利歐芹

香味撲鼻，切碎了加到湯裡或用來點綴餐點。採收的時候請從外側剪下。

蘋果薄荷

薄荷有各式各樣的種類，香味也都不一樣。這是會散發出蘋果香味的品種。用來點綴甜點或做成香草茶來喝。

羅勒

義大利菜中不可或缺的香草。只要在收成的時候以摘芯的方式從上往下摘取，就會再長出側芽。

鼠尾草

可以消除肉的腥味，所以也常使用在香腸裡。紫色的花也很吸引人，可以曬乾之後加以保存。

迷迭香

經常使用於肉類料理中，香味具有提神醒腦的效果。為常綠灌木，經過一年就可以把枝椏剪下，進行收成。

百里香

肉類和魚類的餐點都可以使用。種類繁多，有直立性的，有會在地上爬的品種，也有葉片上有斑紋或銅葉的品種。採收的時候請把前端剪下。

蒔蘿

多用於海鮮料理，例如醋溜涼拌的鮭魚或油炸醃製小魚（西式的南蠻風醃漬物）。由於會長得很高大，請種在比較深的花盆裡。

香草起司

只是把好幾種切碎的香草和綠色起司混合在一起，就成了香味濃郁的香草起司。塗在切成薄片的黑麥麵包上，就成了一道簡單的前菜，和葡萄酒也十分對味。右圖中的香草起司使用了百里香、迷迭香。

栽培重點

●澆水
每種香草需要的水量都不一樣，但是通常都很害怕過於潮濕，所以請小心不要澆太多水。一旦表面的土壤變得乾燥，就要澆上大量的水，直到水從盆底流出來。

●追肥
大約每2～3週在澆水的時候順便追加稀釋的液態肥料。

●注意事項
由於一旦太悶熱就很容易枯死或生病，所以請勤於修剪。尤其是6月以後，只要狠下心來修剪，就能順利地撐過炎熱的季節。

●收成
用剪刀剪下需要的部分使用。

薄荷的生命力很強韌，會不斷地繁殖、到處紮根，所以最好單獨培育，不要做成組合盆栽。

園藝與料理的美味結合

將平常使用在料理中的香草統一種在木箱裡，葉形和伸展的方式各有巧妙不同，能自然形成絕妙的平衡，再加入可以做成嫩生菜的紫紅色甜菜，具有畫龍點睛的效果。如果通風欠佳的話，巴西利很容易得白粉病，所以請放在通風良好的地方。羅勒和巴西利類的香草一旦開花，枝幹就會變得比較脆弱，所以請把花摘掉。

①義大利歐芹 ②咖哩草 ③鼠尾草
④細香蔥 ⑤香蜂草 ⑥歐芹 ⑦羅勒
⑧野草莓 ⑨甜菜 ⑩芥菜

從幼苗開始種

可愛療癒的迷你小番茄

請務必把迷你小番茄種在你家的陽台裡。不僅生命力旺盛又好種，比大顆的番茄不容易生病，看起來更是可愛極了。成熟變色前的綠色果實也很可愛，結實纍纍的紅色果實更是照亮了整個陽台。

由於迷你小番茄的莖會蜿蜒地伸展，所以必須要有支柱。利用小型的格柵或柱子可以增加美觀性，還可以將其誘導到女兒牆上。也有會長得幾乎和人一樣高的品種，所以在選擇品種的時候，請事先考慮好要培育成什麼樣子。也可以利用在排水管上安裝半圓形的格子架，將其引導過去，說不定也會很有意思。

隨著樹枝愈長愈高，根部一帶會產生空隙，變得有點冷清，因此建議在種植時，也在地面處種植一些其他的蔬菜或花。由於在做菜的時候，常常會同時使用到羅勒和番茄，所以是很理想的組合，而且羅勒和番茄還是一起種植的好伙伴，據說番茄葉子上的味道可以幫忙趕走容易纏上羅勒的小菜蛾等害蟲。此外，也可以跟小朵的矮牽牛等種在一起，可愛指數幾乎要破表。

由於迷你小番茄最喜歡曬太陽，所以請種在陽光充沛的地方。長在枝頭上，在陽光洗禮下成熟的番茄，味道更是與眾不同。只要從成熟的番茄開始採收，再追加適量的肥料，有時候還可以連續收成3～4個月。

最近出現了各式各樣的迷你小番茄，像是橢圓形的品種、會結出黃色果實的品種、比迷你小番茄還要小的迷你小番茄、適合種在懸掛式花盆裡的品種等等。嘗試種植各種不同的品種也別有一番樂趣。

栽培重點

●澆水
一旦表面的土壤變得乾燥，就要澆上大量的水，直到水從盆底流出來。就算葉子在白天的時候有些憔悴，但是只要傍晚又恢復正常，就表示水是足夠的。

●追肥
等到結出第一次果實，就要每隔1～2週施一次液態肥料，或是以3個禮拜1次的頻率施加固態的有機肥料。

●注意事項
由於很容易長蚜蟲或宛如白色粉末般的溫室粉蝨，所以要特別注意。就連葉子的背面也要檢查，一旦看到就要用水沖洗乾淨。

●收成
從已經變成紅色的果實開始依序從果蒂的根部剪斷，進行採收。一旦過熟，果實可能會破裂，或者是掉落下來，所以要多加留意。

種植

1 盡早把買回來的幼苗種在具有足夠深度的大型花盆裡，加入盆底石，再把魔肥混入有機培養土裡，做為種植用土。

2 稍微把根部前端4分之1的土撥掉以後再種植。另外，如果和地面上相接的部分土壤變得堅硬的話，再把邊緣的部分輕輕撥鬆。

3 把根以放射狀散開的方式種入土壤內，再把土填入，土大約填至八分滿即可，避免澆水時，水流出來。

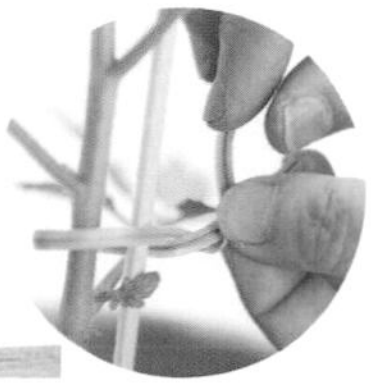

4 豎立起支柱，用園藝用的塑膠繩鬆鬆地綁住固定。可以把支柱立在中央，或是立起兩根支柱，做成拱門的形狀，以螺旋狀纏到主枝上的方式都可以。如果要做成後者的樣子，在幼苗穩穩地紮根以前，暫時在中央立起一根支柱會比較安定。

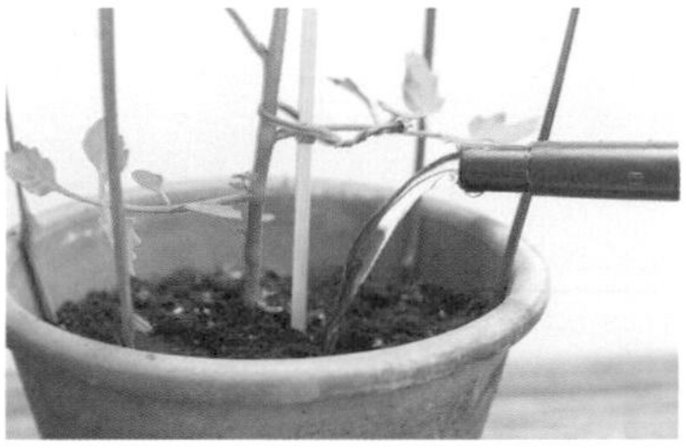

5 種好之後，從邊緣輕輕地澆水。不妨澆多一點，讓水從盆底流出來。

摘去側芽

當植物逐漸成長茁壯，側芽就會從葉子的縫隙間陸續地冒出來。只要趁側芽還沒長大時，不厭其煩地用手摘掉，莖就會長得又大又粗。

結果

從開花、結果，到可以收成，大約要花上一個月的時間。在綠色的果實逐漸長大的過程中，請放在可以充分曬到太陽的地方。

收成

從開始變色的時候，就要讓植物充分地沐浴在陽光下，好讓果實確實成熟。用剪刀將變紅的果實剪下即可。

栽培周期 ※以關東地方做為標準

1	2	3	4	5	6	7	8	9	10	11	12
			種植	種植							
						收成	收成	收成	收成		

火紅色澤
亮麗搶眼
辣椒

辣椒的果實不管是在形狀上還是顏色上都很可愛，也能成為陽台上的視覺焦點。而且因為蟲不喜歡構成其辣味成分的辣椒素，還可以當成其他蔬菜的除蟲劑。有各式各樣的種類，例如細細長長的辣椒、小巧的辣椒、黃色的辣椒等等，辣味及風味也各有巧妙不同。如果一次收成太多，不妨曬乾保存。基本上，獅子辣椒和萬願寺辣椒在栽培的方法上是一樣的，要在綠色的時候採收。

●栽培重點

幼苗在初春就會上市，由於市面上也有不能吃的觀賞用辣椒，所以請不要買錯。會長得比較高的品種要用支柱支撐。當主枝開始伸展以後，就要把底下的側芽摘掉。請放在通風良好的地方照顧。

●澆水

討厭缺水的狀態，所以每天早上都要澆很多水。要是在開花的時候忘了澆水，花就會凋落。梅雨季節過後不妨在傍晚也澆水。

●追肥

當開始結果的時候，就要以每個月一次的頻率追加肥料。

●病蟲害

不太需要擔心病蟲害問題。

●收成

基本上大概是結果之後的一個月左右。請從已經變紅成熟的果實開始依序採收。等到秋天，如果開始枯萎的話，就連同枝椏一起採收下來，曬乾保存。

栽培周期 ※以關東地方做為標準

1	2	3	4	5	6	7	8	9	10	11	12
			播	種							
							收	成			

又水又甜
新鮮滋味
青椒

把新鮮現採的青椒拿來生吃，因為充滿水分又甘甜，會讓人驚呼「這真的是青椒嗎！？」即使是綠色的品種，成熟以後也會變成紅色，但是如果希望看到鮮豔的顏色，建議種植紅椒或黃椒。認為「果實太大顆，不適合我們家陽台」的人，不妨試著種種看可愛的迷你椒。將紅色、黃色、紫色的品種種在一起也相當可愛。

●栽培重點

幼苗會在5～6月上市。買回家以後請盡可能趕快移植到大一點的花盆裡。長大以後再豎立支柱支撐，把底下的側芽摘掉。等到高度超過30公分，就要對主枝進行摘芯作業，將其整理一下。

●澆水

很討厭乾燥，所以每天早上都要大量澆水。梅雨季節過後不妨在傍晚也澆水。

●追肥

當開始結果的時候，就要以每週一次的頻率施加液態肥料或有機肥料。

●病蟲害

開始開花的時候很容易招來蚜蟲，所以要多加留意（參照p123）。

●收成

從結果到可以收成大約是一個月的時間。只要早點把最初的2～3個採收下來，枝幹本身就不會老化。彩色甜椒一開始都是綠色的，然後才慢慢地變成其他顏色。

栽培周期 ※以關東地方做為標準

1	2	3	4	5	6	7	8	9	10	11	12
				播	種						
							收	成			

直接播種法 簡單種出美味蔬菜

擔心種子播種法需要進行移植，
過於麻煩不便？
選擇可以直接播種或只要移植一次的品種，
簡單又不占空間，是很適合種在陽台上的蔬菜。

香味迷人 富含維生素

義大利歐芹

義大利歐芹比普通的歐芹還要不苦，風味十足，是維生素及礦物質的寶庫。一、二年生草本植物最適合播種的時期是在春天和秋天，但是因為春天很容易成為蟲的食物，又不耐酷暑，所以在秋天播種會比較好照顧。只要在秋天播種，第二年的春天就會長得很茂盛。生命力強韌，即使在陰涼處也可以長得頭好壯壯。

●**栽培重點**
採用「撒播」的方式來播種。因為懶得移植，所以直接播種，蓋上非常薄的一層土。等到長出本葉之後，再以間拔的方式疏苗。由於一旦開花，枝條就會變得虛弱，所以當花莖伸直、開始長出花蕾的時候就要進行修剪。

●**澆水**
討厭缺水的狀態，所以土壤的表面一旦乾燥，就要澆上大量的水。

●**追肥**
當本葉長出3～4片以後，就施加固態的肥料，接下來再以大約每3週1次的頻率，施加液態或固態的肥料。

●**病蟲害**
幾乎不需要擔心病蟲害。

●**收成**
收成的時候請從外側的葉片剪下需要的分量。只要事先讓每一棵留有10片以上的葉子，就可以長期享受收割之樂。

栽培周期※以關東地方做為標準

1	2	3	4	5	6	7	8	9	10	11	12
		播種	播種					播種	播種		
				收成	收成	收成	收成			收成	收成

模樣可愛
不用費心照顧
迷你胡蘿蔔

新鮮現採的迷你胡蘿蔔甜得不得了，美味的程度令人跌破眼鏡。而且長的樣子也超卡哇伊的！真想用根稻草把採收下來的胡蘿蔔綁起來當裝飾品。從播種到收成雖然要花上3～4個月，但是成長中的葉片會出現細緻的裂縫，看起來也很漂亮。只需要小心乾燥的問題，適時以間拔的方式疏苗，栽培方式其實非常簡單。

●栽培重點

採用「條播」或「撒播」的方式都可以。由於是好光性的種子，所以請蓋上非常薄的一層土。

抽出兩片葉子以後，再把特別擠的地方以間拔的方式疏苗，等到長出3～4片本葉，再疏苗到讓每一棵之間留有3公分左右的空隙。疏苗後再把土填回去，輕輕地把根部的土壓緊，進行「填土」作業。

●澆水

發芽以後用噴霧器朝芽的基部澆水，接下來以一天一次為基本的澆水頻率。

●追肥

當本葉長出3～4片以後，投以固態的肥料，接下來再以大約每3週1次的頻率施加有機肥料。

●病蟲害

新生嫩葉要多注意蚜蟲。另外，當葉子上出現白粉的時候，就是白粉病的徵兆，一看到就要馬上摘掉。

●收成

從播種以後再過3～4個月就可以收成了，不妨先拔起一根看看狀況。

栽培周期 ※以關東地方做為標準

1	2	3	4	5	6	7	8	9	10	11	12
		播種	播種			播種	播種				
					收成				收成	收成	收成

紫色花朵
非常迷人
細香蔥

細香蔥是蔥類的一種，其特色在於跟淺蔥很像的溫和香氣。除了在義大利菜裡很常見以外，也可以用來代替分蔥，做為日本料理的香料使用。另外，細緻的葉子具有優美的線條，形狀圓滾滾的紫色花朵非常可愛，可以做成組合盆栽的素材。由於是多年生草本植物，冬天地上的部分雖然會枯萎，但是明年春天還會再發芽。扣除掉冬天和盛夏，任何時候都可以收成。

●栽培重點

採用「撒播」方式，覆蓋上薄薄的一層土。發芽後，依序以間拔的方式，把特別擠的地方疏開。光是這樣就會成長茁壯，但是如果在長到5公分左右的時候，把4～5棵整理在一起，移植到花盆裡種植，還能長得更整齊。一旦增加時不妨再進行分株。

●澆水

由於討厭過度潮濕，最好等到土的表面乾掉以後，再澆上大量的水。

●追肥

由於可以長期收成，所以必須要追加肥料。等到高度長到10公分左右，每個月就要施加一次固態肥料。

●病蟲害

因為蔥類特有的氣味會把蟲趕跑，所以不太需要擔心害蟲的問題。

●收成

只要從基部剪下來收割，就還會從那裡長出新的葉子來。

栽培周期 ※以關東地方做為標準

1	2	3	4	5	6	7	8	9	10	11	12
			播種	播種			收成	收成	收成	收成	
								播種	播種		
			收成	收成	收成	收成	收成	收成	收成		

可愛又美味的莓果類

不僅模樣可愛，其風味更是不同反響，
只要是能夠用容器栽培的莓果類，全都可以種在陽台上，
充分地享受收成的樂趣。

生命力旺盛又好栽培
黑莓

混合了紅色和黑色果實的黑莓看起來時髦極了，而且還很甜，生吃就很好吃了，也可以做成果醬或果汁來享用。為木莓的一種，分成藤蔓性和匍匐性的品種，基本上要利用支柱栽培。由於生命力十分強韌，所以只要注意好通風和陽光的問題，很好栽培。

●**栽培重點**
請種在曬得到太陽的地方，等到果實成熟的季節再移到陰涼處。全部收成以後，要在夏天和冬天對枝葉進行修剪，整個整理一下。

●**澆水**
等到土壤的表面乾掉以後，再澆上大量的水。

●**追肥**
在開始結果和收成以後都要追加肥料。

●**病蟲害**
當果實開始成熟的時候會成為鳥兒啄食的目標，請特別注意。

●**收成**
由於紅色的階段尚未成熟，所以請等到變成黑色以後再採收。

栽培周期 ※以關東地方做為標準

1	2	3	4	5	6	7	8	9	10	11	12
				播種	播種						
						收成	收成	收成			

技巧在於一次種兩盆
藍莓

藍莓不只是果實長得很可愛而已，葉子的顏色也很漂亮，到了秋天還可以欣賞到紅葉。藍莓分成喜歡涼爽氣候的高叢藍莓和在任何一個角落都可以培育的兔眼藍莓、南方高叢藍莓等等。由於自家結實性不佳，所以單種一棵。結實的情況可能不太理想，不妨在靠近的地方種兩棵同系統但不同品種的藍莓，就能大大地豐收。

●**栽培重點**
由於喜歡酸性土壤，所以可以在培養土裡加入泥炭土、或者是使用藍莓專用的培養土。大概在7月就會長出朝氣蓬勃的枝椏，只要事先把前端剪斷，就會長出許多側枝。等到葉子掉光以後，再把伸到內側的枝條或比較細瘦的枝條、太長的枝條剪掉。

●**澆水**
由於不耐乾燥，所以請頻繁地澆水。

●**追肥**
每年要施加3～4次固態肥料。

●**疾病與害蟲**
不太需要擔心。

●**收成**
從顏色已經變得很鮮豔的果實開始，用手以柔柔抓住再輕輕扭轉的方式摘取採收。

栽培周期 ※以關東地方做為標準

1	2	3	4	5	6	7	8	9	10	11	12
				播種	播種						
						收成	收成	收成			

拜訪園藝高手的

漂亮陽台花園

有人樂在搭配出時髦亮麗的感覺，
有人大費周章地培育心愛的植物，
以下帶大家拜訪這些陽台花園的高手們，
請教他們如何打造出一個漂亮的陽台。

彷彿置身於度假村的癒療空間

範例 1

寬敞的陽台具有開放感，簡直就像是另一個客廳一樣。走進N・Y女士一手打造的陽台花園，讓人就像來到了度假村一樣，感覺心曠神怡。

「三年前趁著剛搬進這棟大樓的機會開始從事陽台園藝。難得我們家的陽台有足夠的景深，而且坐北朝南，如果什麼都不做就太可惜了。」

她說剛開始時不曉得要從哪裡下手才好，只是把花盆擺在地上，幸好陽台的圍牆是柵欄式的女兒牆，所以還算曬得到太陽，不過經常會受到強風的影響，花盆東倒西歪也是個問題。

「為了不讓小型的花盆傾倒，我曾經試著利用把花盆綁在一起的方式來抵擋風吹，但總覺得不大對勁。也曾經試過盡可能改用大一點的花盆。當時為了製造高低差，發現還是要有直立式的花架或花盆比較好。」

善用空間製造立體感

藉由利用直立式花架或懸掛式花盆可以讓空間變得立體，再加入一點下垂性的綠色觀葉植物，就可以在空間裡呈現出律動感。綠色植物一年四季皆可欣賞。

利用格柵種出玫瑰牆

為了突顯出空間的華麗繽紛，不妨規畫一個種玫瑰的區塊。將皮爾德羅莎玫瑰和音樂玫瑰引導到鐵鑄的格柵上。為了不讓地面顯得過於冷清，可以種些綠色植物。

N・Y女士家陽台的特徵在於有很多觀葉植物，深淺不一的綠色令人眼睛為之一亮，呈現出熱鬧的氣息。

「當我開始從事陽台園藝的時候，也曾經收集很多可愛的花卉，但總是無法帶來清爽大方的感覺，於是我便增加綠色植物，把小一號的盆栽擺在比較大盆又耐看的植物盆邊，試著營造出立體感來。經過不斷地嘗試，慢慢地摸索出屬於自己的風格。」

為了不讓枯葉飄到左鄰右舍的院子裡，盡可能選擇常綠樹，落葉樹則只選購小盆的，再把加州丁香樹當成主樹，以它做為視覺上的焦點。

「由於已經過了四年，對陽台的狀況也慢慢了解了，所以也比較知道該怎麼抵擋風吹，像是

好用收納椅 整齊不雜亂

為了讓陽台保持美觀，收納也是一門學問。不妨把土壤、肥料、工具等收到具有收納功能的椅子裡來加以整理。

植物攀爬遮住排水管

將好幾個弧型的鐵絲欄組合起來，讓多花素馨爬上去，藉此把排水管遮住。只要把多花素馨種在大花盆裡一年，就可以長到天花板。即使在不開花的季節，葉子也會遮住排水管。

利用棚架製造高低差

只要擺上棚架，就可以為植物製造出高低差來，讓空間變得更有立體感。把當季的花放在引人注目的地方，呈現華麗感。將比較薄的磚塊堆積在腳邊，還可以調整花盆的高度，顯得更有氣氛。

增加一些風吹也不會折斷的藤蔓性植物，或者是增加花盆的重量等等。」

至於地板，她煩惱了整整兩年，思索著有沒有更好的材質，最後為了盡可能壓低成本，從五金量販店裡買下拼接式的木板，一開始先試鋪一部分，其他部分可以鋪上磚塊，但實際操作後，發現磚塊的排水功能不好，又會長青苔，所以只有使用在無法用木板鋪滿的空隙裡，然後整面都鋪上只要拆開來就能輕鬆打掃的拼接式木板。

密密麻麻地擺滿植物，讓中間有一個乾淨的空間，在進行移植作業的時候也很方便。順帶一提，因為N．Y女士沒有車，所以格子架或直立式花架等造型物、以及大棵的樹木等等，都是直接在網路上訂購的。

「我在配置植物的時候，都有先考慮過從沙發上看過來和從餐廳裡看過來的感覺，在廚房裡做事的時候，也會不經意地讓視線瞥過去。由於是以綠色植物為主，所以不太需要費心照顧，只有早上澆水而已。從客廳裡漫無目的地望著陽台，一邊喝茶，真的是無比幸福的片刻。」

利用「隱藏法」突顯視覺重點

將假的牆壁和木門貼著擺放在隔壁的陽台交界處，把熱水器和空調的室外機藏起來。將黃色果實的覆盆莓引導到格架上。

F

E

N.Y家的陽台

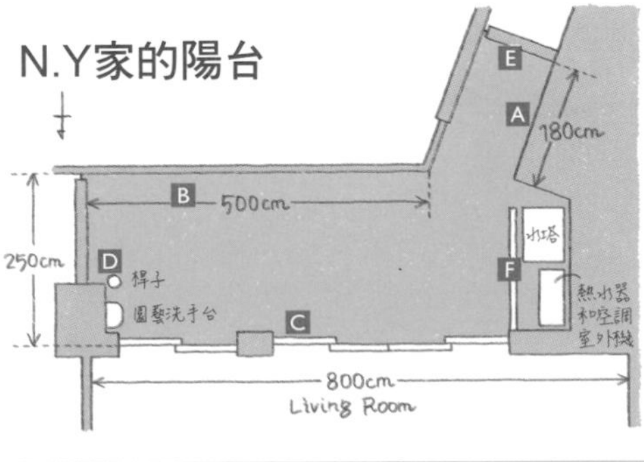

●位於14樓大廈的7樓 ●陽台的面積：約6坪

利用網子和藤蔓遮擋不良視覺

把用來趕鴿子的網子圍在女兒牆上，讓花葉地錦攀爬上去，不僅可以遮住外來的視線，也具有某種程度的擋風效果。由於網子的網眼夠小，垃圾也不會飛進來。

溫度計 隨時掌握溫度調節

由於反射的太陽光很容易使溫度上升，最好使用溫度計測量，有時就連冬天也會高達30度。將耐日曬的植物放在會曬到太陽的地方，不耐高溫的植物則要種在陰涼處。

金屬製的籠子、上頭有天使的花盆和多肉植物的組合引人注目。將花盆放在鳥籠裡的創意，充滿趣味、讓人會心一笑。

將小巧的多肉植物和老舊的玻璃瓶配置在木箱裡，每個花盆都各具巧思，前面的粉紅色花朵是把花盆藏在舊灑水壺裡。

範例 2

DIY雜貨營造出羅曼蒂克的空間

將嬌小的風鈴草和硫磺外毛百脈根種在馬蹄鐵的容器裡。

「誠實地面對自己的感性，只收集自己喜歡的植物」河內真希女士這麼說。如同她所說的，小東西或用來種植物的花盆等等，全都非常講究，連細節都很美。開始陽台園藝至今已經是第七年了，「一開始的時候就連高低差也做不出來，常常只是把花盆擺在一起。後來慢慢地知道要用台子把比較矮的花盆墊高，或者是使用骨董的馬蹄鐵牛奶罐，製造出層次感來。」

也嘗試搭配過各種花的顏色，靠自己找出什麼配色組合最美麗。「不管是花盆的配置還是小雜貨的擺放，只要覺得哪裡怪怪的，就重新擺過，試著找出最適合的感覺。」

也曾經發揮創意，挑戰自己動手做，像是利用空罐做成花盆等等，巧妙地將老東西或自己做的小東西和植物融合在一起。綠色植物或多肉植物等一年四季都可以欣賞的植物，與當季的花卉或組合盆栽等等的比例也很完美。由於本身也很喜歡做菜，所以還規畫了一個家庭菜園，把香草類植物種在木箱裡。

最辛苦的事莫過於澆水。河內女士說：「因為早上一大早就要去上班，所以有時候也會在前一天晚上澆水。夏天則是早晚各澆一次。」她說她最喜歡假日從房間裡欣賞陽台的時光了。

以多肉植物表現赤子之心

把裝飾用砂石裝進琺瑯質的洗臉盆裡，再種上幾種質感和形狀都很特殊的多肉植物，再把利用空罐改造而成的盆器放在正中央，將立體感強調出來，擺放在玄關旁邊的角落。

利用小雜貨 製作出故事場景

將椰子纖維鋪在金屬製的籠子裡，放上一個天使擺飾，蘊釀出故事般的場景。

畫龍點睛的灑水壺 兼具實用與裝飾性

灑水壺不只具有實用性，外觀也很重要。優雅的紅色可以讓輕飄飄的氣氛變得很有存在感，光是擺放就像一幅畫。

由於陽台的景深不夠大，所以特別強調垂直面，構成立體的空間。橄欖樹是主樹。

發揮創意巧思
廢棄容器變花盆

已經不再使用的歐芹切葉器、原本用來裝種子的國外空罐、馬蹄鐵容器等等，都可以用來代替花盆。不妨在空罐底部打幾個排水洞，在邊緣鑿出用來穿繩子的洞，就可以吊起來使用了。

貼上雜誌內頁
空罐立即展現質感

將國外的雜誌貼在空罐上，再塗上清漆，就成了時髦的花盆。依照自己的品味，可以製作出只此一家、別無分號的花盆，是一定要偷學的技巧。照片右邊的容器裡種的是香雪球、左邊的容器裡種的是多肉植物。

河內家的陽台

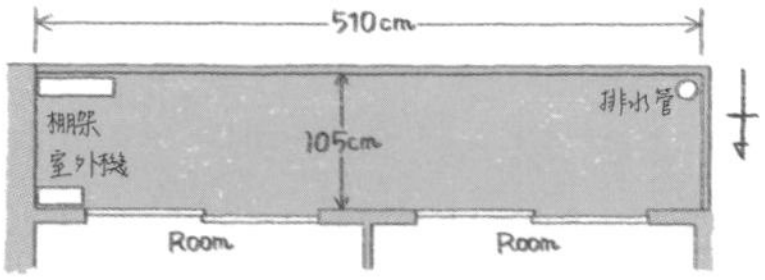

- 位於3樓公寓的3樓
- 陽台面積：約1.5坪

範例 3

克服惡劣條件 打造玫瑰花園

剛搬到現在這棟公寓的時候，齊藤女士原本是想打造出一個綠樹蓊鬱的陽台，但是偶然間看到玫瑰栽培的書，深深地受到吸引，再加上剛好買了四株英國玫瑰，最後完成的是以玫瑰為主的陽台。

「因為花開得很好，也沒有病蟲害，我想應該沒什麼問題，沒想到在增加玫瑰的數量以後，反而開始出現白粉病的症狀……」

原因可能是出在陽台的女兒牆是混凝土製，所以通風不好，陽光也不充沛，所以應盡量把花盆放在比較高的位置，以確保通風。另外，由於陽光只能從某個固定的方向照射進來，所以枝椏會向外伸展，花也會朝外開，從房間裡就看不到了，因此要時不時地轉動花盆，好讓整棵植物都能曬到太陽。

「在某種程度上，可以隨心所欲地改變玫瑰的大小。如果是會蔓延的品種，就將其誘導到柱子上，再透過修剪的方式，使其體積變小，製造出高低差來。」

為了在玫瑰不開花的季節也不會感到冷清，也加入彩葉植物及多年生草本植物、玫瑰以外的四季花卉。另外，也計畫要加入顏色更深的玫瑰，「因為靠近天空的部分很亮，所以從房間裡往外看的時候，淺色的玫瑰並不顯眼，或許顏色稍微深一點的玫瑰會更適合陽台。」

現在有15盆玫瑰。夏天由於花盆裡的土壤溫度會上升，所以重點在於要澆很多水，讓水從盆底不斷地流出來，肥料可能會被沖走，所以要多使用一點肥料。

妝點陽台的玫瑰

完美的愛

巴黎女士

世代花園

藍色狂想曲

花點巧思讓巨大花盆變輕盈

巨大的花盆請使用比較輕的樹脂製，或者是在花盆的底部裝上輪子以方便移動。

利用彩葉植物帶來明亮感

由於陽台上的空間很容易就變得陰暗，所以採用葉片上有斑紋或黃金葉等明亮的觀葉植物。照片右手邊葉片上有斑紋的是西伯利亞牛舌草、左手邊是多肉植物「黑法師」，剛好和玫瑰形成有趣的對比。

墊高底部確保日照和通風

由於女兒牆為混凝土製，容易有陽光不足或不通風的問題。不妨利用椅子或桌子，盡可能將花盆放在比較高的地方，藉此克服惡劣的環境條件。

齊藤家的陽台

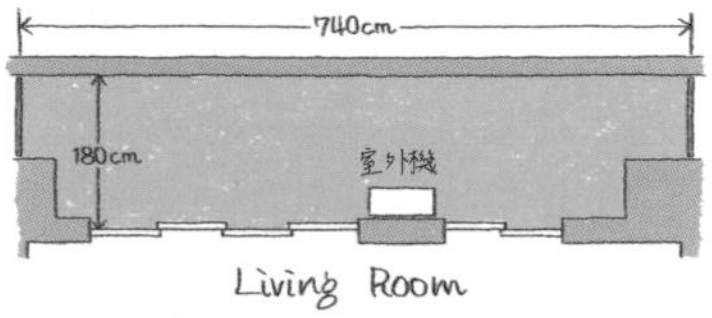

- 位於7樓大廈的6樓
- 陽台的面積：約4坪

Q 播種時有哪些注意事項？

A 在播種的時候，有撒播、條播等好幾種方法。種子外包裝上記載著各式各樣的資訊，也會註明採取什麼樣的播種方式比較好，敬請參考。

覆蓋的土量須特別注意。矮牽牛和金魚草、萵苣類等植物在發芽的時候是需要陽光的好光性種子，所以只要蓋上薄薄的一層土即可；如果是一有光線就不容易發芽的種子，則要確實地把土覆蓋上去，把種子藏起來。

如果種子比較小顆的話，在播種之後馬上用灑水壺澆水可能會把種子沖走，需事先把土壤充分打濕，在發芽以前都用噴霧器澆水，就可以避免種子被沖走。在發芽以前請放在陰涼處照顧，避免曬到直射日光，等到發芽以後再馬上移到曬得到太陽的地方。

Q 在打造陽台花園的時候要注意哪些病蟲害？該如何預防及處理？

A 依照植物的種類，病蟲害也略有不同，春天到秋天之間是最容易產生疾病和害蟲的季節。要是以為住在公寓的高樓層就不會長蟲的話，等到發現時，很有可能葉子已經被蟲啃得亂七八糟的，所以平常就要仔細觀察，一旦發現病蟲害就盡早處理。

為了避免病蟲害，選擇健康的種苗、確保栽培的地方通風良好、日照充足也是很重要的，不要把花盆放得太密集，以利通風。

害蟲可以用免洗筷直接夾除，也可以利用市面上的園藝用殺蟲劑。最近還有把殺蟲劑和殺菌劑整合成一瓶的噴霧式輕便殺蟲劑，使用的時候請務必仔細地詳閱說明書，並避免在風勢強勁的日子裡噴灑，以免飄散到其他區域。以下是常見的害蟲和疾病的對策。

蚜蟲

會依附在各種植物上，尤其特別喜歡吸食嫩芽的汁液。早期發現如果數量還不多的話，可以用衛生紙直接抓起丟掉，如果已經很多的話，就要使用殺蟲劑，將同時具有預防效果的滲透移行性藥劑（有機磷殺蟲劑）灑在土壤表面也是一種方法，藥效的成分會跟水分一起被植物吸收，滲透到莖和葉，驅除害蟲。

蛞蝓

梅雨季節特別容易出現，在夜間活動，會吃掉花瓣和嫩芽。由於蛞蝓爬過會留下白色發光的痕跡，一旦看到就表示蛞蝓躲在某個地方，請用專門的藥來驅除。

金龜子

成蟲會把葉子啃成網狀，幼蟲則是會潛伏在土壤中，把根吃掉，所以一看到就要馬上撲滅。

鱗翅目幼蟲

為蝶或蛾的幼蟲，主要是以葉片為主食，長大之後吃的量會更多，所以及早發現可避免重大災情。依附在山茶花上的茶毒蛾具有猛烈的毒性，也有可能會讓人起疹子，所以一旦看到就要用殺蟲劑驅除。

白粉病

黴菌感染，會讓葉或莖像是沾到麵粉似地變成白色，一定要把出現症狀的葉子馬上摘掉，並噴灑殺蟲劑。

鏽病

葉子上先是出現紅褐色或黑色的斑點，然後整株植物逐漸變得虛弱。請把出現斑點的葉子摘掉，定期修剪，種植在通風地處。

黑星病

這是玫瑰比較容易得到的疾病。葉子上出現黑色圓形的斑紋，周圍再逐漸地變成黃色，最後整片葉子掉下來。不妨以定期殺菌的方式來預防。

Q 雖然想要培養球根植物，但是還要挖出來好麻煩，有沒有種下去就無須理會的球根植物呢？

A 番紅花、葡萄風信子、劍蘭、鳶尾花、大雪花草、水仙等等，基本上都不用挖出來，一直種在土裡也沒關係的球根植物。只不過，經過幾年，長得愈來愈不好的時候，就需重新買新的球根比較好。百合有一些種類是可以種下去就不用管它，和最好要挖出來的不同品種。

Q 種子有保存期限嗎？

A 種子發芽的機率會隨著時間而愈來愈低，尤其是種子的袋子一旦開封，濕氣跑入，發芽的機率會更加下降，所以開封後請裝進密閉容器裡，再放進冰箱的蔬果冷藏室裡保存，千萬不要放在日光直射下或溫暖的場所。

Q 在購買種子的時候，要注意些什麼？

A 發芽的機率會因為種子的保管狀態而異。最好盡可能避免購買曝曬在直射日光下販賣的種子。另外，每種植物適合播種的時期都不一樣，所以請先看過種子外包裝的說明，確認以後再購買。

Q 使用過的土壤該怎麼處理呢？一定要丟掉嗎？

A 在從事陽台園藝的時候，最傷腦筋的莫過於用過的土壤該怎麼處理。使用於栽培的土壤在排水性及透氣性上都已經變差，也讓人擔心病菌或害蟲的問題，但是只要妥善處理，還是有再生利用的可能。

最簡單的方法是利用土壤再生用的土壤改良劑，首先將使用過的土壤攤開在紙上或塑膠袋上，去除老舊的樹根和盆底石，可以的話最好能過一次篩，將垃圾雜質篩除。只要把過篩的土壤放在太陽下徹底曬乾後，再加入土壤改良劑，就可以再度使用。也可以將再生的土壤與腐葉土、新的培養土以5：3：2的比例混合，用來代替土壤改良劑。此外，如果要把土壤丟掉的話，請遵照各縣市的規定。

將土打散，攤開在紙或塑膠袋上、或者是大一點的花盆底盤上。

清除殘留在土裡的根，一旦發現金龜子的幼蟲，就要立即撲殺。

將土壤與盆底石分開。盆底石只要徹底洗淨，放在陽光下曬乾，就可再次利用。

過篩土壤。如果網眼太小的篩子，容易導致透氣性欠佳，所以請使用網眼適中的篩子。

放在太陽下徹底地曬乾，直到土壤變白為止，再加入適量的土壤改良劑。

Q 如果購買的是已經結出果實的果樹，用花盆培育，第二年還會結果嗎？

A 如果繼續保持從園藝店裡買回來的狀態，根可能會沒有空間可生長，所以建議買回來以後要移植到大一點的花盆裡。只不過，要是突然移植到一個太大的花盆裡，第二年可能不會結果，之所以會這樣，是因為當果樹處於根沒有空間可生長的狀態，會感受到生存的危機，想要繁衍子孫的本能強力運作，進入容易結果的狀態。一旦被移植到比較大的花盆裡，就會感到放心，比起結果，可能會以先讓根和樹幹成長茁壯為優先。

把剛買回來的花苗移植到大一號的花盆裡。

Q 為了讓果樹多結果實，在施肥上有什麼技巧嗎？

A 雖然依果樹的種類而異，不過一般而言，請在6～7月給予生長所需的肥料、10～11月給予花芽分化所需的肥料、12～1月給予為了在春天長出新芽所需的肥料，其中，又以10～11月的肥料與結果的關係最為密切。為了培育出花芽，不妨給予磷酸含量高的肥料。此外，也有人認為比起化學肥料，給予有機肥料的果樹結出來的果實味道會比較好。

Q 花盆發黴了，對植物有影響嗎？

A 對於植物並不會有太大的影響，但是看起來實在不太美觀，所以建議還是清理乾淨。如果是素燒的花盆，看起來像是發黴的白色物體有可能是土壤中的鈣質，如果還是很在意的話，請用鬃刷等工具刷掉即可。

Q 在播下蔬菜的種子，以間拔的方式疏苗時，有什麼重點？

A 在剛發芽的雙葉狀態下以間拔的方式疏苗時，不妨先把長得太高卻又弱不禁風、莖比別人細的、葉子長得七零八落、奇形怪狀的苗拔掉，其他只要把長得太密的部分拔除，保持適當的距離即可，基本上可以在長出兩片葉子的時候，以葉子和葉子不會碰到的間隔為適當的距離；如果本葉已經長出來的話，則是葉子不會重疊的距離為標準。

在以間拔的方式疏完苗以後，苗會變得不安定，不妨進行「填土」的作業，稍微補上一點土，輕輕地把根部壓緊固定。

剛以間拔的方式疏苗後，苗會如上圖所示，處於不安定的狀態，請一定要進行「填土」作業。

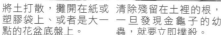

園藝常見用語集

常見名稱

學名
意指該物種世界共通的名稱，以拉丁文標示屬名和種名。

原種
沒有經過人為改良的野生植物。

園藝品種
由人工反覆進行交配及選拔的植物。

一日花
指的是牽牛花或扶桑花等開花當天就會凋謝的花。

一年草
發芽、生長、開花、結果到枯死都在一年內發生的花草。分成春播種一年生草本植物和秋播種一年生草本植物。

一番花
一整株裡面最早開的花，接下來開的花稱之為二番花、三番花。

好光性種子
指的是沒有感受到光線就不會發芽的種子。萵苣和胡蘿蔔、矮牽牛等植物都屬於好光性的種子。

落葉植物
秋天會落葉，第二年春天會再發芽、長出新葉子的樹木。

常綠植物
即使到了秋天也不會落葉，一整年葉子都很茂密的植物。常綠樹主要是在長出新芽的春天~初夏會掉一些老舊的葉子，進行新陳代謝。

多年生草本植物
指的是每年開花的花草。即使地面上的部分已然枯萎，根還在土壤中繼續生存。也有地面上的部分不會枯萎的種類。

地被植物
覆蓋在地表上的植物。不僅可以把植物的根部和地面妝點得漂漂亮亮的，還具有防止土壤乾燥的任務。

伴侶植物
指的是具有種在一起可以互相幫助的性質，例如防止病蟲害、幫助成長等等，對彼此有益的植物。舉例來說，像是把羅勒種在番茄旁邊，容易纏上羅勒的小菜蛾就不會靠近。另外，由於萬壽菊的根會分泌出附著在蔬菜根部的土壤線蟲所不喜歡的成分，所以萬壽菊和根莖類蔬菜就被稱為伴侶植物。

主樹
會變成花園重心的樹。如果是陽台花園，主樹多半都會成為視覺焦點（視線集中的焦點）。

殘花
指的是花開完以後，並沒有掉下來，還留在枝頭上，但已經謝掉的花。如果放任不處理的話，很容易造成疾病，或者是結果而導致枝幹變得衰弱，使花期變短。

花芽
指的是成長之後會變成花的芽。每種植物長出花芽的時期及位置都有固定，所以在修剪的時候請注意不要不小心剪掉了。

側芽
從葉子的根基長出來的芽。只要把長在植物頂點的頂芽摘掉，側芽就會比較容易生長。

匍匐莖
莖是沿著地表匍匐生長，從前端長出子株，由此綿延繁殖。

花盆號數
用來顯示花盆直徑的單位，1號相當於直徑3公分。通常以5號盆、6號盆的方式來稱呼，與深淺沒有關係。

植物管理

燈籠式立法
在花盆邊緣豎立起幾根支柱，然後再把藤蔓性的植物螺旋狀地包圍著誘導上去，做成像燈籠一樣的形狀。適合用於牽牛花或鐵線蓮、小黃瓜等等。

蓄水空間
為了避免澆水的時候水溢出來，在距離花盆邊緣2~3公分的地方不要把土壤填滿，讓水可以暫時蓄積在裡頭。

疏枝
為了改善通風及日照的問題，將擠在一起的樹枝剪掉加以整理。

定植
將原本種在塑膠盆裡的花草移植到花盆或庭院裡，使其固定下來。

摘芯
將成長中的莖或枝的前端摘下來。是為了抑制草長得太高、促進側芽生成。英文為pinch。

徒長
由於日照或養分不足，導致莖軟弱無力地長得很長的狀態。

休眠期
為了適應冬天及酷熱的夏天、乾燥

的季節等嚴苛的環境，植物暫時停止生長的時期。多年生草本植物及球根植物在休眠期的時候，地上的部分會枯萎，但是地面下的部分或球根還活著，等到適當的溫度就會再度發芽。

間拔

在播種以後，將部分太過密集的苗拔除的作業。將比較孱弱的苗連根拔起，藉此調整苗與苗的間隔。

移植

將植物移到其他的地方種植。

繁殖

育種

利用植物的突然變異，藉由交配及選拔，創造出新的品種。

插枝、插芽

藉由將剪下來的枝或莖、葉、芽等插入土中，使其長出新芽，是增加植物的方法之一。

分株

意指將多年生草本植物及小灌木等植物的植株分開的行為。當枝幹長得太大的時候就會開始老化，以分株的方式就能讓枝幹恢復活力。

自花授粉

可以透過同一朵花、或者是同一株植物的別朵花受精、結實。如果是沒有自花授粉，或者是自花授粉比較差的果樹，如果有分雌雄性的話，要雌株和雄株各種一棵；如果沒有分雌雄性的話，就要把兩種以上的品種種在一起，較容易結果。

受粉

意指花粉落在雌蕊的柱頭上。在種水果的時候，如果是花粉比較少的品種，有時候也必須以人工的方式受粉。

營養繁殖

以插枝、接木、分株的方式，利用植物的一部分來繁殖的行為稱之為營養繁殖，透過這種方式增加的植物品種稱之為「營養系」，會繼續母株的性質及特徵。

介質

培養土

將赤玉土與腐葉土、肥料等混合攪拌均勻的土壤，適用於植物的栽培。也有像是「藍莓的培養土」這種專為某種植物調配的培養土。

赤玉土

把紅土曬乾，含有有機質的土壤。只要和其他的土壤混合，透氣性就會變好，所以經常被用來當成盆栽用土。

泥炭土

由生長在寒帶濕地上的水蘚堆積而成的產物。為酸性，具有良好的保水力，適用於種植藍莓等喜好酸性土壤的植物。

腐葉土

意指落葉分解之後的產物。具有卓越的透氣性、保水性、保肥性，富含有機質，還具有能夠增加土壤中有用微生物的作用。在基本的園藝用土壤裡混入2～3成來使用是比較常見的作法。

水苔

將生長在濕地上的苔蘚加以乾燥而成。具有卓越的透氣性、保水性、保肥性，在蘭花及野草中，甚至有光是種在水苔上就可以活下去的品種。質地很輕，也可以用來做為懸掛式花籃的種植材料。

肥料

液態肥料

具有速效性，一般當成追肥使用。

化學肥料

由化學合成的成分所構成的無機質肥料，以氮、磷、鉀為主要成分。

有機肥料

指的是油粕等含有有機質的肥料。

基肥

在種植植物時，事先施好的肥料。

堆肥

意指樹皮或廚餘等有機物被微生物發酵而成的肥料。具有改良土壤的作用。

置肥

施肥的方法之一。只要事先把固體的肥料放在土壤上，養分就會隨著水一點一滴地溶解在土壤裡，肥料的效果可以長時間持續。

追肥

主要在植物的生長期施加的肥料，一般都會使用速效性的肥料。

禮肥

在開花或結果之後，為了讓元氣大傷的植物恢復能量所施的肥。通常是給予速效性的肥料。

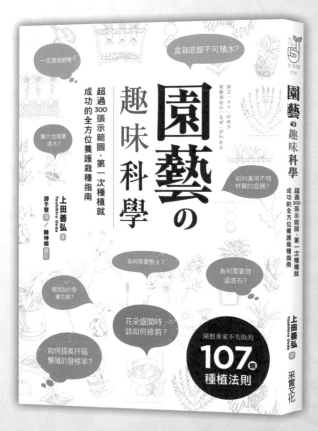

生活樹系列 062

小陽台の療癒花園提案（暢銷修訂版）

花と緑と雑貨でつくる はじめてのベランダガーデン

作　　者	山元和實 / 監修
審　　訂	陳坤燦
譯　　者	賴惠鈴
總 編 輯	何玉美
主　　編	紀欣怡
封面設計	萬亞雰
內文排版	菩薩蠻數位文化有限公司
出版發行	采實文化事業股份有限公司
行銷企劃	陳佩宜・黃于婷・馮羿勳
業務發行	林詩富・張世明・吳淑華・林坤蓉・林踏欣
會計行政	王雅蕙・李韶婉
法律顧問	第一國際法律事務所　余淑杏律師
電子信箱	acme@acmebook.com.tw
采實官網	http://www.acmebook.com.tw
采實粉絲團	http://www.facebook.com/acmebook
ISBN	978-957-8950-33-7
定　　價	300 元
初版一刷	2018 年 6 月
劃撥帳號	50148859
劃撥戶名	采實文化事業股份有限公司
	104 台北市中山區建國北路二段 92 號 9 樓
	電話：(02)2518-5198
	傳真：(02)2518-2098

國家圖書館出版品預行編目資料

小陽台の療癒花園提案 / 山元和實監修 ; 賴惠鈴譯 . -- 初版 . -- 臺北市 : 采實文化 , 2018.06
面 ;　公分 . -- (生活樹系列 ; 62)
譯自 : 花と緑と雑貨でつくるはじめてのベランダガーデン
ISBN 978-957-8950-33-7(平裝)

1. 園藝學 2. 庭園設計

435.11　　107005843

花と緑と雑貨でつくる はじめてのベランダガーデン
HANA TO MIDORI TO ZAKKA DE TSUKURU HAJIMETE NO VERANDA GARDEN
supervised by Kazumi Yamamoto